崧燁文化

曹永忠、黃朝恭、謝宏欽
許智誠、蔡英德　著

整合風向、風速、溫溼度於環控平台（氣象物聯網）

To Integrate the Wind & Wind-speed & Temperature and Humidity Sensors to Environment Monitor System (IOT for Weather)

自序

　　這本書可以說是我的書進入環境監控所寫的物聯網系統整合之專書,由於科技與趨勢,整個產業界由網際網路時代進入了物聯網時代,製造業也汲汲要轉進工業4.0,進入智慧生產的時代,面對未來物聯網的時代,幾乎每個裝置都希望能夠智慧化、自主化與網路化,然而在我們身邊,關係我們最深遠的還是健康相關的議題最為關鍵,當我們面對產業進步,企業發展,科技進步,環境汙染是免不了的副產品,關於環境監控,之前筆者有出版過幾本 PM 2.5 空汙偵測的空氣盒子相關電子書,由於清水吳厝國小 校長黃朝恭 先生緣故,在逢甲牛罵頭小書屋出生的緣起,為了深耕學子的健康與社區健康,黃校長建立了完整個氣象監控的基礎建設。

　　在第一本書:Ameba 風力監控系統開發(氣象物聯網)中,筆者為逢甲小書屋NO.6-牛罵頭小書屋建立了完整的氣象監測的基礎建設,之後筆者與清水吳厝國小校長黃朝恭 先生在第二本書:風向、風速、溫溼度整合系統開發(氣象物聯網)中,偕同開發出風向、風速、溫溼度整合系統,所有的人都可以透過網際網路與手機,可以隨時監看風向、風速、溫溼度等氣象資訊,在本書:整合風向、風速、溫溼度於環控平台(氣象物聯網)中,謝宏欽總經理,為美商律美(Lumex) 台灣分公司總經理加入了作者群中,為本書挹注了動態顯示科技技術,讓感測控制器、雲端平台與顯示技術整合並存,讓氣象資訊傳播與分享提升更高的一個層次。

　　這十年多以來的經驗分享,逐漸在創客圈看到發芽,開始成長,覺得 Maker 的自學教育方式,極有可能在未來成為教育的主流,相信我每日、每月、每年不斷的努力之下,未來 Maker 的教育、推廣、普及、成熟將指日可待。

　　最後,請大家可以加入 Maker 的 Open Knowledge 的行列。

　　　　　　　　　　　　　　　　　　　　　　　　曹永忠 於貓咪樂園

自序

記得自己在大學資訊工程系修習電子電路實驗的時候,自己對於設計與製作電路板是一點興趣也沒有,然後又沒有天分,所以那是苦不堪言的一堂課,還好當年有我同組的好同學,努力的照顧我,命令我做這做那,我不會的他就自己做,如此讓我解決了資訊工程學系課程中,我最不擅長的課。

當時資訊工程學系對於設計電子電路課程,大多數都是專攻軟體的學生去修習時,系上的用意應該是要大家軟硬兼修,尤其是在台灣這個大部分是硬體為主的產業環境,但是對於一個軟體設計,但是缺乏硬體專業訓練,或是對於眾多機械機構與機電整合原理不太有概念的人,在理解現代的許多機電整合設計時,學習上都會有很多的困擾與障礙,因為專精於軟體設計的人,不一定能很容易就懂機電控制設計與機電整合。懂得機電控制的人,也不一定知道軟體該如何運作,不同的機電控制或是軟體開發常常都會有不同的解決方法。

除非您很有各方面的天賦,或是在學校巧遇名師教導,否則通常不太容易能在機電控制與機電整合這方面自我學習,進而成為專業人員。

而自從有了 Arduino 這個平台後,上述的困擾就大部分迎刃而解了,因為 Arduino 這個平台讓你可以以不變應萬變,用一致性的平台,來做很多機電控制、機電整合學習,進而將軟體開發整合到機構設計之中,在這個機械、電子、電機、資訊、工程等整合領域,不失為一個很大的福音,尤其在創意掛帥的年代,能夠自己創新想法,從 Original Idea 到產品開發與整合能夠自己獨立完整設計出來,自己就能夠更容易完全了解與掌握核心技術與產業技術,整個開發過程必定可以提供思維上與實務上更多的收穫。

Arduino 平台引進台灣自今,雖然越來越多的書籍出版,但是從設計、開發、製作出一個完整產品並解析產品設計思維,這樣產品開發的書籍仍然鮮見,尤其是能夠從頭到尾,利用範例與理論解釋並重,完完整整的解說如何用 Arduino 設計出一個完整產品,介紹開發過程中,機電控制與軟體整合相關技術與範例,如此的書籍更是付之闕如。永忠、英德兄與敝人計畫撰寫 Maker 系列,就是基於這樣對市場需要的觀察,開發出這樣的書籍。

作者出版了許多的 Arduino 系列的書籍,深深覺的,基礎乃是最根本的實力,所以回到最基礎的地方,希望透過最基本的程式設計教學,來提供眾多的 Makers 在入門 Arduino 時,如何開始,如何攥寫自己的程式,進而介紹不同的週邊模組,主要的目的是希望學子可以學到如何使用這些週邊模組來設計程式,期望在未來產品開發時,可以更得心應手的使用這些週邊模組與感測器,更快將自己的想法實現,希望讀者可以了解與學習到作者寫書的初衷。

許智誠　　於中壢雙連坡中央大學　管理學院

自序

　　隨著資通技術(ICT)的進步與普及，取得資料不僅方便快速，傳播資訊的管道也多樣化與便利。然而，在網路搜尋到的資料卻越來越巨量，如何將在眾多的資料之中篩選出正確的資訊，進而萃取出您要的知識？如何獲得同時具廣度與深度的知識？如何一次就獲得最正確的知識？相信這些都是大家共同思考的問題。

　　為了解決這些困惱大家的問題，永忠、智誠兄與敝人計畫製作一系列「Maker系列」書籍來傳遞兼具廣度與深度的軟體開發知識，希望讀者能利用這些書籍迅速掌握正確知識。首先規劃「以一個 Maker 的觀點，找尋所有可用資源並整合相關技術，透過創意與逆向工程的技法進行設計與開發」的系列書籍，運用現有的產品或零件，透過駭入產品的逆向工程的手法，拆解後並重製其控制核心，並使用 Arduino 相關技術進行產品設計與開發等過程，讓電子、機械、電機、控制、軟體、工程進行跨領域的整合。

　　近年來 Arduino 異軍突起，在許多大學，甚至高中職、國中，甚至許多出社會的工程達人，都以 Arduino 為單晶片控制裝置，整合許多感測器、馬達、動力機構、手機、平板...等，開發出許多具創意的互動產品與數位藝術。由於 Arduino 的簡單、易用、價格合理、資源眾多，許多大專院校及社團都推出相關課程與研習機會來學習與推廣。

　　以往介紹 ICT 技術的書籍大部份以理論開始、為了深化開發與專業技術，往往忘記這些產品產品開發背後所需要的背景、動機、需求、環境因素等，讓讀者在學習之間，不容易了解當初開發這些產品的原始創意與想法，基於這樣的原因，一般人學起來特別感到吃力與迷惘。

　　本書為了讀者能夠深入了解產品開發的背景，本系列整合 Maker 的觀念與創意發想，深入產品技術核心，進而開發產品，只要讀者跟著本書一步一步研習與實作，在完成之際，回頭思考，就很容易了解開發產品的整體思維。透過這樣的思路，讀者就可以輕易地轉移學習經驗至其他相關的產品實作上。

所以本書是能夠自修的書，讀完後不僅能依據書本的實作說明準備材料來製作，盡情享受 DIY(Do It Yourself)的樂趣，還能了解其原理並推展至其他應用。有興趣的讀者可再利用書後的參考文獻繼續研讀相關資料。

　　本書的發行有新的創舉，就是以電子書型式發行，在國家圖書館 (http://www.ncl.edu.tw/)、國立公共資訊圖書館 National Library of Public Information (http://www.nlpi.edu.tw/)、台灣雲端圖庫 (http://www.ebookservice.tw/)等都可以閱讀，如要購買的讀者也可以到許多電子書網路商城、Google Books 與 Google Play 都可以購買之後下載與閱讀。希望讀者能珍惜機會閱讀及學習，繼續將知識與資訊傳播出去，讓有興趣的眾人都受益。希望這個拋磚引玉的舉動能讓更多人響應與跟進，一起共襄盛舉。

　　本書可能還有不盡完美之處，非常歡迎您的指教與建議。近期還將推出其他 Arduino 相關應用與實作的書籍，敬請期待。

　　最後，請您立刻行動翻書閱讀。

　　　　　　　　　　　　　　　　　　蔡英德 於台中沙鹿靜宜大學主顧樓

目 錄

物聯網系列

　　本書是『物聯網系列』之『氣象物聯網』的第三本書，是筆者針對環境監控為主軸，進行開發各種物聯網產品之專案開發系列，主要是給讀者熟悉使用 NodeMCU-32S Lua WiFi 物聯網開發板來開發物聯網之各樣產品之原型 (ProtoTyping)，進而介紹這些產品衍伸出來的技術、程式攝寫技巧，以漸進式的方法介紹、使用方式、電路連接範例等等。

　　這幾年來，社會群眾的環境意識覺醒，對環境的污染與監控，也普遍提高，然而空汙直接影響居民的健康，在群眾自我覺醒的運動中，自造者結合的自造者運動 (Maker Movement)，影響了許多科技人士，運用感測科技與資訊科技的力量，結合臉書社群的號召，影響了全民空汙偵測的運動，筆者也是加入的先鋒者之一，筆者發現，目前空汙偵測，仍缺少二項資訊，那就是風向與風速等參考資訊，如果這兩項資訊可以加入在環境監控的資訊之中，那在空汙資訊的大數據分析之中，將會將空汙的汙染軌跡數位化，對整個社會，將產生更大的效用。

　　清水吳厝國小 校長黃朝恭 先生，校址位於台中國際機場邊，也是清水的偏鄉學校，在 2017 年 12 月 28 日啟用逢甲大學校友會 捐贈給吳厝國小的「逢甲牛罵頭小書屋」，逢甲大學校友總會長施鵬賢表示，知識就是力量，希望孩童能從小培養閱讀習慣。

　　逢甲牛罵頭小書屋出生的緣起，由於逢甲大學建築系在校園發起建築公益活動回饋社會，「逢甲建築小書屋」的想法浮現雛型：到偏鄉部落及有需要的地方為小朋友們蓋書屋，深信「知識就是力量」！「深耕 50 前瞻 100」公益活動，目標偏鄉地區 100 座小書屋，臺中市清水區鰲峰山上的偏鄉小校，何其有幸能成為逢甲小書屋 NO.6-牛罵頭小書屋。

　　為了能夠讓逢甲小書屋 NO.6-牛罵頭小書屋發揮更大的社會公益與學子安全，在第一本書：Ameba 風力監控系統開發(氣象物聯網)中，筆者為逢甲小書屋 NO.6-牛罵頭小書屋建立了完整的氣象監測的基礎建設，之後筆者與清水吳厝國小 校長黃朝恭 先生在第二本書：風向、風速、溫溼度整合系統開發(氣象物聯網)中，偕同開發出風向、風速、溫溼度整合系統，所有的人都可以透過網際網路與手機，可以隨時監看風向、風速、溫溼度等氣象資訊，在本書：整合風向、風速、溫溼度於環控平台(氣象物聯網)中，謝宏欽總經理，為美商律美(Lumex) 台灣分公司總經理加入了作者群中，為本書挹注了動態顯示科技技術，讓感測控制器、雲端平台與顯示技術整合並存，讓氣象資訊傳播與分享提升更高的一個層次。筆者相信這樣的整合系統對於學子的健康與社區健康深感重要，鑑於如此，筆者將整個系統開發、建置、安裝與設定等經驗，分享餘本書內容，相信有心的讀者，詳細閱讀之，定會有所受益。

1
CHAPTER

開發板介紹

ESP32 開發板是一系列低成本，低功耗的單晶片微控制器，相較上一代晶片 ESP8266，ESP32 開發板 有更多的記憶體空間供使用者使用，且有更多的 I/O 口可供開發，整合了 Wi-Fi 和雙模藍牙。 ESP32 系列採用 Tensilica Xtensa LX6 微處理器，包括雙核心和單核變體，內建天線開關，RF 變換器，功率放大器，低雜訊接收放大器，濾波器和電源管理模組。

樂鑫（Espressif）1於 2015 年 11 月宣佈 ESP32 系列物聯網晶片開始 Beta Test，預計 ESP32 晶片將在 2016 年實現量產。如下圖所示，ESP32 開發板整合了 801.11 b/g/n/i Wi-Fi 和低功耗藍牙 4.2（Buletooth / BLE 4.2） ，搭配雙核 32 位 Tensilica LX6 MCU，最高主頻可達 240MHz，計算能力高達 600DMIPS，可以直接傳送視頻資料，且具備低功耗等多種睡眠模式供不同的物聯網應用場景使用。

圖 1 ESP32 Devkit 開發板正反面一覽圖

---

1 https://www.espressif.com/zh-hans/products/hardware/esp-wroom-32/overview

· ESP32 特色：

- 雙核心 Tensilica 32 位元 LX6 微處理器
- 高達 240 MHz 時脈頻率
- 520 kB 內部 SRAM
- 28 個 GPIO
- 硬體加速加密（AES、SHA2、ECC、RSA-4096）
- 整合式 802.11 b/g/n Wi-Fi 收發器
- 整合式雙模藍牙（傳統和 BLE）
- 支援 10 個電極電容式觸控
- 4 MB 快閃記憶體

資料來源：https://www.botsheet.com/cht/shop/esp-wroom-32/

ESP32 規格：

- 尺寸：55*28*12mm(如下圖所示)
- 重量：9.6g
- 型號：ESP-WROOM-32
- 連接：Micro-USB
- 芯片：ESP-32
- 無線網絡：802.11 b/g/n/e/i
- 工作模式：支援 STA / AP / STA+AP
- 工作電壓：2.2 V 至 3.6 V
- 藍牙：藍牙 v4.2 BR/EDR 和低功耗藍牙（BLE、BT4.0、Bluetooth Smart）
- USB 芯片：CP2102
- GPIO：28 個
- 存儲容量：4MBytes
- 記憶體：520kBytes

資料來源：https://www.botsheet.com/cht/shop/esp-wroom-32/

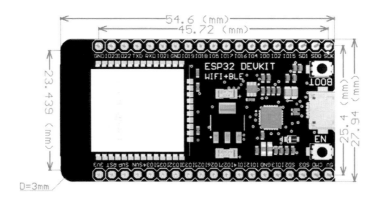

圖 2 ESP32 Devkit 開發板尺寸圖

ESP32 WROOM

ESP-WROOM-32 開發板具有 3.3V 穩壓器,可降低輸入電壓,為 ESP32 開發板供電。它還附帶一個 CP2102 晶片(如下圖所示),允許 ESP32 開發板與電腦連接後,可以再程式編輯、編譯後,直接透過串列埠傳輸程式,進而燒錄到 ESP32 開發板,無須額外的下載器。

圖 3 ESP32 Devkit CP2102 Chip 圖

ESP32 的功能[2]包括以下內容：

- 處理器：
  - CPU: Xtensa 雙核心 (或者單核心) 32 位元 LX6 微處理器, 工作時脈 160/240 MHz, 運算能力高達 600 DMIPS
- 記憶體：
  - 448 KB ROM (64KB+384KB)
  - 520 KB SRAM
  - 16 KB RTC SRAM,SRAM 分為兩種
    - 第一部分 8 KB RTC SRAM 為慢速儲存器,可以在 Deep-sleep 模式下被次處理器存取
    - 第二部分 8 KB RTC SRAM 為快速儲存器,可以在 Deep-sleep 模式下 RTC 啟動時用於資料儲存以及 被主 CPU 存取。
  - 1 Kbit 的 eFuse，其中 256 bit 為系統專用（MAC 位址和晶片設定）；其餘 768 bit 保留給用戶應用，這些 應用包括 Flash 加密和晶片 ID。
  - QSPI 支援多個快閃記憶體/SRAM
  - 可使用 SPI 儲存器 對映到外部記憶體空間，部分儲存器可做為外部儲存器的 Cache
    - 最大支援 16 MB 外部 SPI Flash
    - 最大支援 8 MB 外部 SPI SRAM
- 無線傳輸：
  - Wi-Fi: 802.11 b/g/n
  - 藍芽: v4.2 BR/EDR/BLE
- 外部介面：

---

[2] https://www.espressif.com/zh-hans/products/hardware/esp32-devkitc/overview

- ◆ 34 個 GPIO
- ◆ 12-bit SAR ADC ，多達 18 個通道
- ◆ 2 個 8 位元 D/A 轉換器
- ◆ 10 個觸控感應器
- ◆ 4 個 SPI
- ◆ 2 個 I2S
- ◆ 2 個 I2C
- ◆ 3 個 UART
- ◆ 1 個 Host SD/eMMC/SDIO
- ◆ 1 個 Slave SDIO/SPI
- ◆ 帶有專用 DMA 的乙太網路介面,支援 IEEE 1588
- ◆ CAN 2.0
- ◆ 紅外線傳輸
- ◆ 電機 PWM
- ◆ LED PWM, 多達 16 個通道
- ◆ 霍爾感應器
- ■ 定址空間
  - ◆ 對稱定址對映
  - ◆ 資料匯流排與指令匯流排分別可定址到 4GB(32bit)
  - ◆ 1296 KB 晶片記憶體取定址
  - ◆ 19704 KB 外部存取定址
  - ◆ 512 KB 外部位址空間
  - ◆ 部分儲存器可以被資料匯流排存取也可以被指令匯流排存取
- ■ 安全機制
  - ◆ 安全啟動
  - ◆ Flash ROM 加密

◆ 1024 bit OTP, 使用者可用高達 768 bit

◆ 硬體加密加速器

- AES

- Hash (SHA-2)

- RSA

- ECC

- 亂數產生器 (RNG)

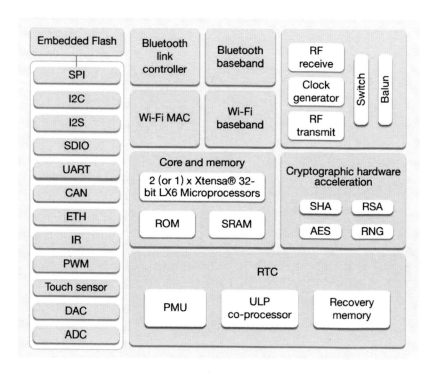

圖 4 ESP32　Function BlockDiagram

NodeMCU-32S Lua WiFi 物聯網開發板

NodeMCU-32S Lua WiFi 物聯網開發板是 WiFi+ 藍牙 4.2+ BLE /雙核 CPU 的開

發板(如下圖所示)，低成本的 WiFi+藍牙模組是一個開放原始碼的物聯網平台。

圖 5 NodeMCU-32S Lua WiFi 物聯網開發板

NodeMCU-32S Lua WiFi 物聯網開發板也支持使用 Lua 腳本語言程式設計，NodeMCU-32S Lua WiFi 物聯網開發板之開發平台基於 eLua 開源項目，例如 lua-cjson, spiffs.。NodeMCU-32S Lua WiFi 物聯網開發板是上海 Espressif 研發的 WiFi+藍牙芯片，旨在為嵌入式系統開發的產品提供網際網絡的功能。

NodeMCU-32S Lua WiFi 物聯網開發板模組核心處理器 ESP32 晶片提供了一套完整的 802.11 b/g/n/e/i 無線網路（WLAN）和藍牙 4.2 解決方案，具有最小物理尺寸。

NodeMCU-32S Lua WiFi 物聯網開發板專為低功耗和行動消費電子設備、可穿戴和物聯網設備而設計，NodeMCU-32S Lua WiFi 物聯網開發板整合了 WLAN 和藍牙的所有功能，NodeMCU-32S Lua WiFi 物聯網開發板同時提供了一個開放原始碼的平台，支持使用者自定義功能，用於不同的應用場景。

NodeMCU-32S Lua WiFi 物聯網開發板 完全符合 WiFi 802.11b/g/n/e/i 和藍牙 4.2

的標準，整合了 WiFi/藍牙/BLE 無線射頻和低功耗技術，並且支持開放性的 RealTime 作業系統 RTOS。

　　NodeMCU-32S Lua WiFi 物聯網開發板具有 3.3V 穩壓器，可降低輸入電壓，為 NodeMCU-32S Lua WiFi 物聯網開發板供電。它還附帶一個 CP2102 晶片(如下圖所示)，允許 ESP32 開發板與電腦連接後，可以再程式編輯、編譯後，直接透過串列埠傳輸程式，進而燒錄到 ESP32 開發板，無須額外的下載器。

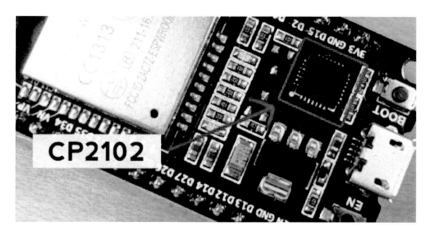

圖 6 ESP32 Devkit CP2102 Chip 圖

　　NodeMCU-32S Lua WiFi 物聯網開發板的功能　包括以下內容：

● ・商品特色：
　　◆ WiFi+藍牙 4.2+BLE
　　◆ 雙核 CPU
　　◆ 能夠像 Arduino 一樣操作硬件 IO
　　◆ 用 Node.js 類似語法寫網絡應用

● ・商品規格：
　　◆ 尺寸：49*25*14mm

- 重量：10g

- 品牌：Ai-Thinker

- 芯片：ESP-32

- Wifi：802.11 b/g/n/e/i

- Bluetooth：BR/EDR+BLE

- CPU：Xtensa 32-bit LX6 雙核芯

- RAM：520KBytes

- 電源輸入：2.3V~3.6V

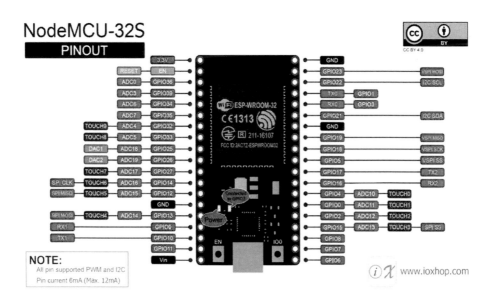

圖 7 NodeMCU-32S 腳位圖

章節小結

本章主要介紹之 ESP 32 開發板介紹，至於開發環境安裝與設定，請讀者參閱『ESP32 程式設計(基礎篇):ESP32 IOT Programming (Basic Concept & Tricks)』一書(曹永忠, 2020a, 2020b, 2020c, 2020d, 2020e, 2020f)，透過本章節的解說，相信讀者會對 ESP 32 開發板認識，有更深入的了解與體認。

2

CHAPTER

使用風速偵測感測器

環境監控是物聯網開發中非常重要的一環，鑒於如此，筆者有出版 PM2.5 空汙偵測相關的電子書(曹永忠, 許智誠, & 蔡英德, 2016a, 2016b, 2016c, 2016d)與文章(曹永忠, 2016b, 2016c, 2016d, 2016e, 2016f, 2016g, 2016h, 2016i)，也開發與 LASS 社群相容的空氣盒子(Tsao, Tsai, & Hsu, 2016; 吳昇峰 et al., 2017; 柯清長, 2016; 陳昱廷, 2016)，整個空氣盒子專案，目前由中央研究院資訊科學研究所，陳伶志[3]博士(Ling-Jyh Chen Ph.D.)(網址：https://sites.google.com/site/cclljj/)進行系統整合，讀者可以參閱網址：https://purbao.lass-net.org/。

這幾年來，社會群眾的環境意識覺醒，對環境的污染與監控，也普遍提高，然而空汙直接影響居民的健康，在群眾自我覺醒的運動中，自造者結合的自造者運動(Maker Movement)，影響了許多科技人士，運用感測科技與資訊科技的力量，結合臉書社群的號召，影響了全民空汙偵測的運動，筆者也是加入的先鋒者之一，筆者發現，目前空汙偵測，仍缺少二項資訊，那就是風向與風速等參考資訊，如果這兩項資訊可以加入在環境監控的資訊之中，那在空汙資訊的大數據分析之中，將會將空汙的汙染軌跡數位化，對整個社會，將產生更大的效用。

筆者友人是清水吳厝國小校長黃朝恭[5]先生，校址位於台中國際機場邊，也是清水的偏鄉學校，對於學子的健康與社區健康深感重要，委託筆者在該校內建立風速監測站，並透過物聯網的技術，將這樣的資訊網頁化，可以讓各地方的使用者查詢到該區域的風速資訊，鑑於如此，筆者將風速感測監控的技術分享給讀者，希望可以透過我的經驗號召更多有志之士，可以將環境監控的感測資訊提升到更圓滿

---

[3] Ling-Jyh Chen,Research Fellow @ Institute of Information of Academia Sinica,address:128, Section 2, Academia Road,Nankang, Taipei 11529, Taiwan ,Phone: +886-2-27883799 ext. 1702,ax: +886-2-27824814 ,Email: cclljj@iis.sinica.edu.tw

[4] 臺中市清水區吳厝國民小學詳細資料 https://www.tc.edu.tw/school/list/detail/id/463

[5] 吳厝的阿恭校長 http://wu-tso-principal.blogspot.tw/

的境界。

風速感測器硬體介紹

　　筆者並不打算自行開發風速感測器，因為校正本身就是一門學問，加上防水、防曬、穩定與強固性，筆者打算採用工業級的產品簡化整個系統開發的困難度，由於資金有限，筆者於淘寶網(https://world.taobao.com/)找到商家：仁科測控(https://shop142026040.world.taobao.com/)的風速產品：風速變送器傳感器(產品網址: https://world.taobao.com/item/546227178355.htm?fromS-ite=main&spm=a1z09.2.0.0.1f30a53fRXDv88&_u=2vlvti9eb6b)，可以參考下圖所示：

(a).風速感測器　　　　(b).風速感測器底部訊號電源接腳圖

(c).風速感測器上視圖

圖 8 風速感測器產品圖

風速感測器硬體規格

筆者參考商家給的產品資料(下載網址：

https://github.com/brucetsao/eWind/tree/master/Doc，或參考附錄: RS-FS-N01 風速變送

器使用說明書（485 型）)，並將之轉成繁體字與修正一些語詞後，我們可以得到

下列的產品規格，RS-FS-N01 風速感測器(參考參考附錄: RS-FS-N01 風速變送器使

用說明書（485 型）)，外形小巧輕便，便於攜帶和組裝，三杯設計理念可以有效

獲得風速資訊，殼體採用優質鋁合金材質，外部進行電鍍與噴塑處理，具有良好

的防腐、防侵蝕等特點，並能夠保證風速感測器長期使用且避免生鏽現象，同時

可以保護內部的承軸，更提高了風速感測的精確性，其風速感測器可以被廣泛應

用於溫室、環境保護、氣象站、船舶、碼頭、養殖等環境的之風速測量。

風速感測器功能如下

- 有效範圍：0-30m/s，解析度 0.1m/s
- 防電磁干擾處理
- 採用底部出線方式、完全可以避免插頭橡膠墊老化問題，長期使用
  仍然防水
- 採用高性能進口承軸，轉動阻力小，測量精確
- 全鋁外殼，機械強度大，硬度高，抗腐蝕、可長期使用於室外且避
  免生銹
- 設備結構穩定及重量經過精心設計及分配，轉動慣量小，反應靈敏
- 標準 ModBus-RTU 通信協定，可配合工業上使用

如下表所示，我們可以得到風速感測器的產品規格，由於筆者選擇 RS485 介

面，使用 ModBus 通訊協定，可以讓開發更快，且可以應用到工業控制上，且該產品也是校正過，比起輸出電壓型的風速感測器，更加穩定、好用、便利。

表 1 風速感測器規格表

直流供電	10~30V DC
工作溫度	-20℃~+60℃，0%RH~80%RH
通信介面	485 通訊（modbus）協定
	串列傳輸速率：2400、4800（預設）、9600
	傳輸資料位元長度：8 位
	同位方式：無
	停止位長度：1 位
	預設 ModBus 通信地址：1
	支援功能碼：03
參數設置	用提供的配置軟體，透過 485 介面進行參數設定
解析度	0.1m/s
測量範圍	0~30m/s
動態回應時間	≤0.5s
啟動風速	≤0.2m/s

風速感測器組立

如下圖所示，我們拿到風速感測器的產品，會有感測器本體與線材，由於筆者的風速感測器未來會裝置於清水吳厝國小，所以將線材增購為 16 米長。

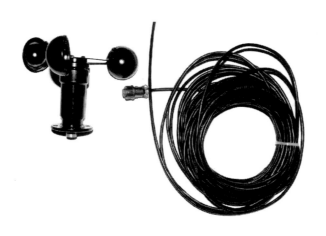

圖 9 風速感測器產品與線材

　　如下圖所示，我們拿到風速感測器的線材，將接頭端拿出來，是一個四接點母頭，在母頭圓圈中，有一個凹形缺口，裝置時必須注意這個凹形缺口要卡入正確。

圖 10 風速感測器線材接頭(母頭)

　　如下圖所示，我們拿到風速感測器的底面，也是一個四接點公頭，在公頭圓圈中，有一個凸起點，這個凸起點必須對準上圖之凹形缺口，必須要對好裝置時，才能正確插入，不可以用蠻力硬插入，這樣風速感測器會毀損。

圖 11 風速感測器底部接頭(公頭)

　　如下圖所示，如果將凸起點必須對準凹形缺口，正確插入後，我們就完成風速感測器產品組立。

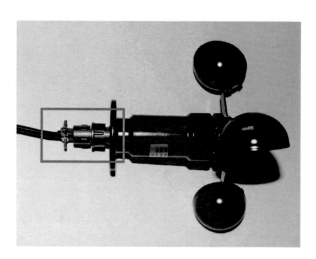

圖 12 完成風速感測器接頭組立

風速感測器接腳說明

如下表所示，我們在風速感測器線材另一端，是電源線與 RS-485 的訊號端。

表 2 風速感測器接腳表

	線材顏色	說明
電 源	棕色	電源正（10~30V DC）
	黑色	電源負(接地)
通信	黃色	485-A
	藍色	485-B

如下圖所示，我們可以看到風速感測器線材另一端，棕線是 10~30V 直流電的正極端、黑線是 10~30V 直流電的負極端、黃線則是 RS 485 訊號的 A 端、藍線是 RS 485 訊號的 B 端，請讀者不要弄錯了。

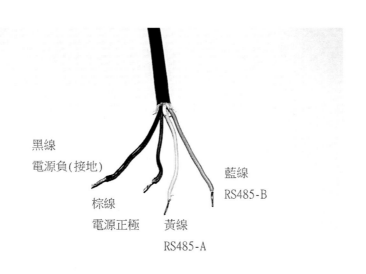

圖 13 風速感測器接線

風速感測器電源與訊號連接

如下圖所示，我們遵循上面所述，將棕線與黑線接上 12V 的交換式變壓器之 V+與 V-端。

圖 14 接上電源

如下圖所示，由於我們要先用原廠的測試軟體，我們準備一個 RS232/RS485 轉 USB 轉接器，並將黃線(RS 485-A) 交到 RS 485-A(本轉換器為 D+)，將藍線(RS 485-B) 交到 RS 485-B(本轉換器為 D-)，完成測試電路後，將 RS232/RS485 轉 USB 轉接器接到電腦。

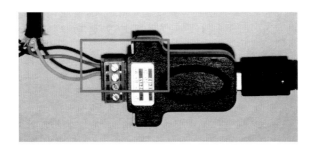

圖 15 接上 RS485

架設風速感測器

　　由於筆者先將產品於實驗室進行架設與開發，等到開發完成後，等到清水吳厝國小之風速感測器支架建置完成後，在到實地安裝，所以如下圖所示，我們先於實驗室進行架設與開發，我們可以看到將風速感測器架設在相機腳架上，方便筆者開發系統與測試用。

圖 16 架設風速感測器

風速感測器原廠軟體工具測試

　　如下圖所示，我們將 RS232/RS485 轉 USB 轉接器接到電腦後，在裝置管理員上可以該看到 RS232/RS485 轉 USB 轉接器成為一個連接埠，本文為 COM8，1 讀者請注意，要以您實際連接與設定的連接埠為主，因為根本文不一定相同的連接埠。

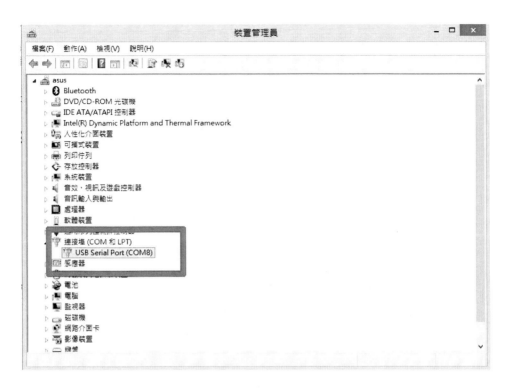

圖 17 裝置管理員畫面

　　如下圖所示，我們進入原廠提供的『RS485 參數配置工具 2.0』，其軟體網址為：
https://github.com/brucetsao/eWind/tree/master/Tools，我們先選擇通訊埠(串口號)，上圖
所示中，我們得知通訊埠(串口號)為 COM 8，所以我們將之設定為 COM 8。

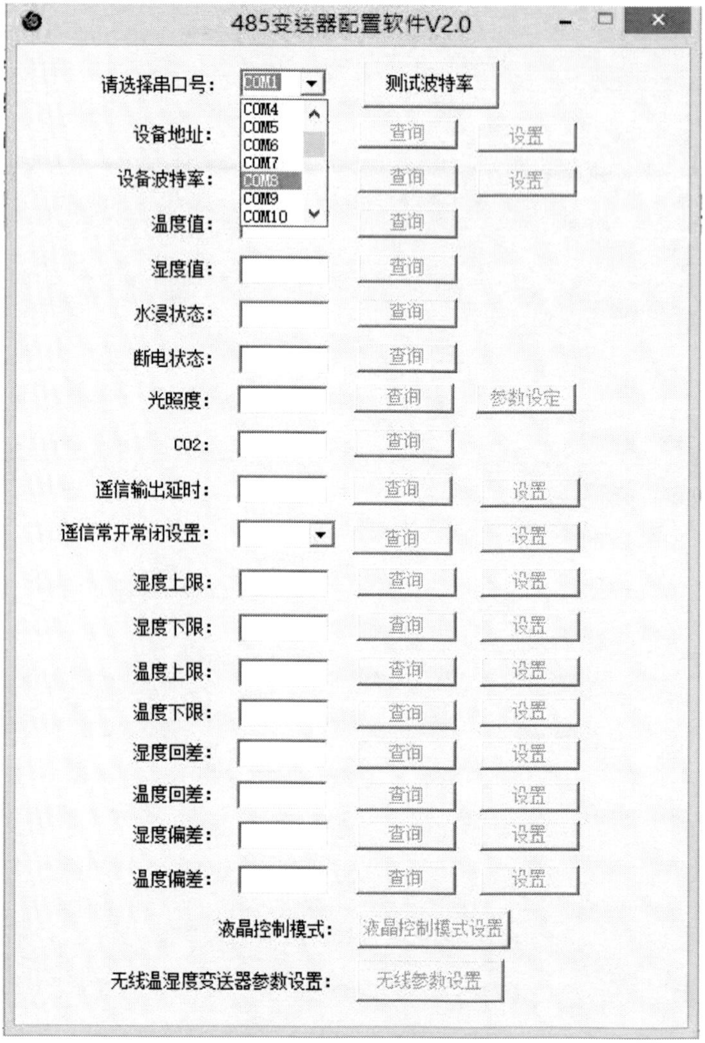

圖 18 系統設定畫面

　　如下圖所示，我們按下下圖所示之紅框處之按鈕：將 RS232/RS485 轉 USB 轉接器接到電腦後，在裝置管理員上可以該看到 RS232/RS485 轉 USB 轉接器成為一個連接埠，本文為 COM8，1 讀者請注意，要以您實際連接與設測試波特率，我們可以得到設備號碼與通訊速率。

圖 19 通訊速率設定畫面

如下圖所示，如果一切正確裝設與設定後，我們可以得到設備號碼與通訊速率，本文為設備號碼(設備地址)：1，通訊速率(設備波特率)：9600。

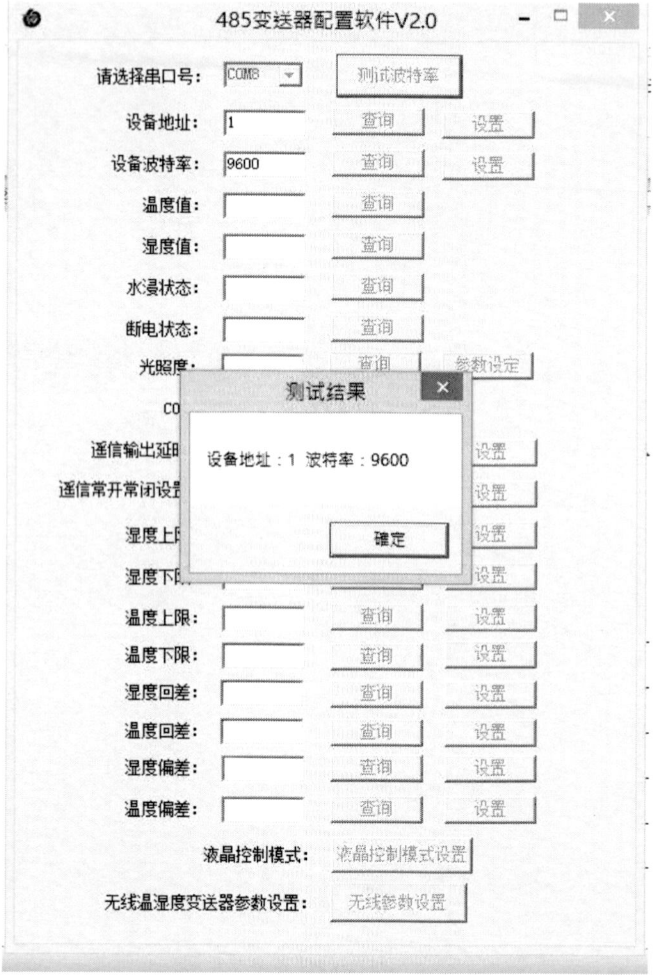

圖 20設定通訊速率畫面

通訊方式

如下表所示，我們必須先將通訊配置的資料，設定為下列資訊。

表 3 風速感測器通訊配置表

Communication Format	8 Bit Binary(Modbus RTU)
Data Bits	8 位
Parity	無
Stop Bits	1 位
Cyclic Redundancy Check	CRC16
Speed(Baud)	2400、4800、9600，Default :4800

由於風速感測器採用 Modbus-RTU 通訊規格(曹永忠, 2016a)，如下表所示，我們可以了解其使用 Modbus-RTU 查詢命令碼的格式如下表：

表 4 風速感測器使用 Modbus-RTU 查詢命令碼

設備位址	功能碼	暫存器起始位址	暫存器長度	CRC16 Low Byte	CRC16 High Byte
1 Byte	1 Byte	2 Byte	2 Byte	1 Byte	1 Byte

由於本文使用設備位址為 1，所以我們可以求出下表所示之 Modbus-RTU 查詢命令範例碼。

表 5 Modbus-RTU 查詢命令範例碼

設備位址	功能碼	暫存器起始位址	暫存器長度	CRC16 Low Byte	CRC16 High Byte
0x01	0x03	0x00 0x00	0x00 0x01	0x84	0x0A

如果讀者不知道 CRC16 如何計算出，請使用網址：https://www.lam-mertbies.nl/comm/info/crc-calculation.html，將『010300000001』之十六進位值輸入後，如下圖所示，可以得到 0x0A84 的值。

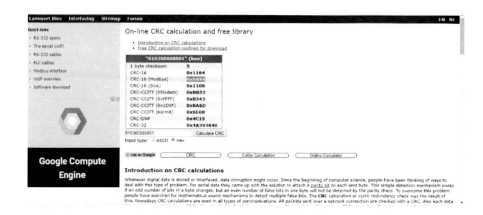

圖 21 使用線上工具計算出 CRC16

使用 AccessPort 通訊工具取得風速

本文使用 AccessPort 通訊工具，其下載網址為：https://accessport.soft32.com/，或到筆者 Github，網址為：https://github.com/brucetsao/eWind/tree/master/Tools，接可下載 AccessPort 通訊工具，目前版本為 1.37 版，將軟體安裝完成後，如下圖所示，我們可以看到主畫面如下：

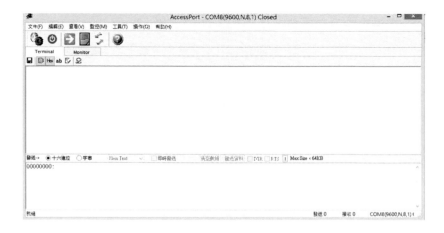

圖 22 AccessPort 通訊工具主畫面

如下圖所示，我們點選下圖紅框處，進入 AccessPort 通訊設置。

圖 23 進入 AccessPort 通訊設置

如下圖所示，我們進入 AccessPort 通訊設置畫面後，我們輸入**錯誤! 找不到參照來源。**的通訊配置值後，按下確定完成通訊配置。

圖 24 進入 AccessPort 通訊設置畫面

如下圖所示，我們點選下圖紅框處，開啟 AccessPort 通訊埠。

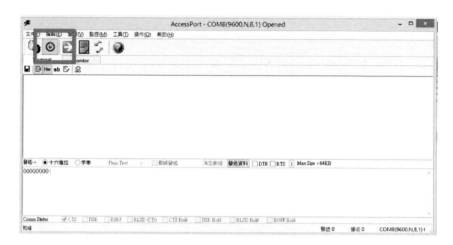

圖 25 開啟 AccessPort 通訊埠

如下圖所示，我們看到畫面抬頭出現『Opened』，則代表已開啟 AccessPort 通訊埠。

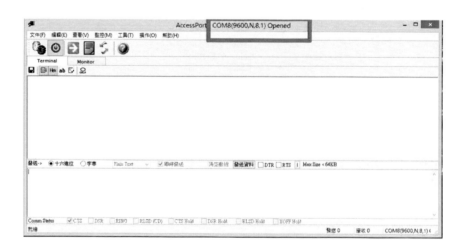

圖 26 進入 AccessPort 通訊設置畫面

如下圖所示，我們用十六進位方式輸入『010300000001840A』。

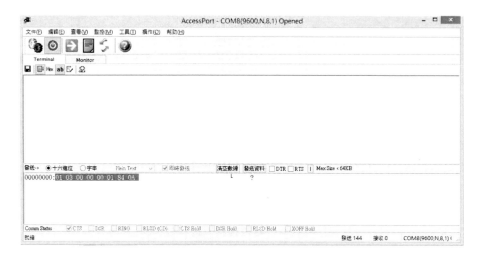

圖 27 輸入傳送命令(十六進位碼)

如下圖所示，我們點選下圖紅框處之發送資料，將輸入『010300000001840A』
傳送到風速感測器進行查詢風速。

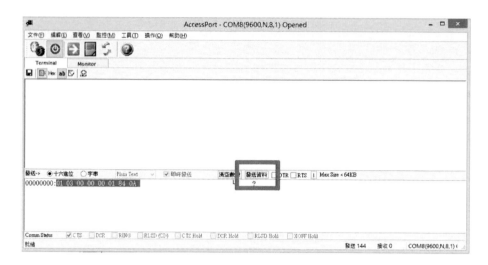

圖 28 傳送命令(十六進位碼)

如下圖所示,我們發現,我們得到『0103020024B85F』之十六進位回傳值。

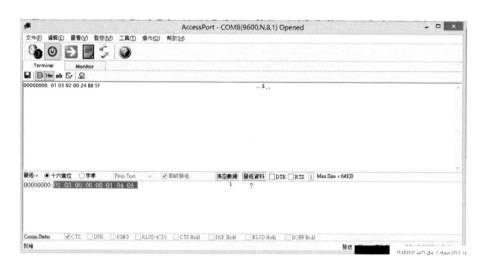

圖 29 取得風速感測器回傳資料(十六進位碼)

解譯風速感測器回傳資料

由於風速感測器採用 Modbus-RTU 通訊規格，如下表所示，我們可以了解其使用 Modbus-RTU 回傳資料格式如下表：

表 6 風速感測器回傳資料格式

設備位址	功能碼	返回有效位元組數	當前風速值	CRC16
1 位元組	1 位元組	1 位元組	2 位元組	2 位元組

如下表所示，我們將得到『0103020024B85F』之十六進位回傳值，整理成下表。

表 7 風速感測器實際回傳資料

設備位址	功能碼	返回有效位元組數	當前風速值	CRC16 Low Byte	CRC16 High Byte
0x01	0x03	0x02	0x00 0x25	0xB8	0x5F

我們在使用網址: https://www.lammertbies.nl/comm/info/crc-calculation.html，之線 CRC16 運算工具，將『0103020024』之十六進位值輸入後，如下圖所示，可以得到 0x0A84 的值。

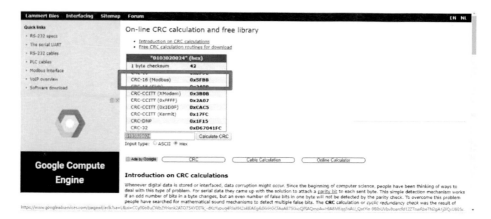

圖 30 使用線上工具計算出 CRC16 之值

我們在發現網址: https://www.lammertbies.nl/comm/info/crc-calculation.html，之線上 CRC16 運算工具，計算出 CRC16(Modbus)的值為『0x5FB8』。

我們在比較表 7 之實際資料，其 CRC16 資料為 0xB8 與 0x5F，由於其表之 CRC16 順序為低位元組與高位元組，所以將之相反之後，得到 0x5F 與 0xB8，與圖 30 之值：『0x5FB8』完全相同，則回傳資料為正確之值。

最後我們根據表 6 之格式，取出第四欄的資料，為 0x00 與 0x25，根據高位元組與低位元組進行運算，00*256+37(0x25)=36，將值退一位為小數點，則為風速 = 3.6 m/s，最後我們取得最後風速值。

章節小結

本章主要介紹之風速偵測開發感測器，教導讀者如何組立風速偵測開發感測器，連接風速偵測開發感測器電路，如何測試通訊與讀取風速偵測開發感測器的風速資料，透過本章節的解說，相信讀者會對連接、使用風速偵測開發感測器，進行通訊，有更深入的了解與體認。

3

CHAPTER

使用風向偵測感測器

    這幾年來，社會群眾的環境意識覺醒，對環境的污染與監控，也普遍提高，然而空汙直接影響居民的健康，在群眾自我覺醒的運動中，自造者結合的自造者運動(Maker Movement)，影響了許多科技人士，運用感測科技與資訊科技的力量，結合臉書社群的號召，影響了全民空汙偵測的運動，筆者也是加入的先鋒者之一，筆者發現，目前空汙偵測，仍缺少二項資訊，那就是風向與風速等參考資訊(曹永忠, 2017; 曹永忠, 許智誠, & 蔡英德, 2017b)，如果這兩項資訊可以加入在環境監控的資訊之中，那在空汙資訊的大數據分析之中，將會將空汙的汙染軌跡數位化，對整個社會，將產生更大的效用。

風向感測器硬體介紹

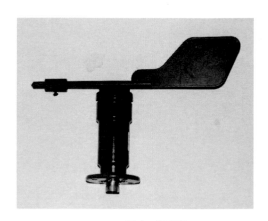

(a).風向感測器

(b).風向感測器底部訊號電源接腳圖

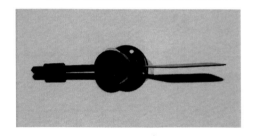

(c).風向感測器上視圖

圖 31 風向感測器產品圖

風向感測器硬體規格

筆者參考商家給的產品資料(下載網址：

https://github.com/brucetsao/eWind/tree/master/Doc，或參考附錄: RS-FX-N01 風向變送器使用說明書（485 型）)，並將之轉成繁體字與修正一些語詞後，我們可以得到下列的產品規格，RS-FS-N01 風向感測器(參考參考附錄: RS-FX-N01 風向變送器使用說明書（485 型）)，外形小巧輕便，便於攜帶和組裝，殼體採用優質鋁合金材質，外部進行電鍍與噴塑處理，具有良好的防腐、防侵蝕等特點，並能夠保證風向感測器長期使用且避免生鏽現象，同時可以保護內部的承軸，更提高了風向感測的精確性，其風向感測器可以被廣泛應用於溫室、環境保護、氣象站、船舶、碼頭、養殖等環境的之風向測量。

風向感測器功能如下

● 量程：8 個指示方向

● 防電磁干擾處理

    筆者並不打算自行開發風向感測器，因為校正本身就是一門學問，加上防水、防曬、穩定與強固性，筆者打算採用工業級的產品簡化整個系統開發的困難度，由於資金有限，筆者於淘寶網(https://world.taobao.com/)找到商家：仁科測控(https://shop142026040.world.taobao.com/)的風向產品：風向傳感器變送器(產品網址: https://world.taobao.com/item/546210725302.htm?fromS-ite=main&spm=a312a.7700846.0.0.ffe8001FmKbJz&_u=5vlvti90c3d)，可以參考下圖所示：

● 進口軸承，轉動阻力小，測量精確

● 全鋁外殼，機械強度大，硬度高，耐腐蝕、不生鏽可長期使用於室外

● 設備結構及重量經過精心設計及分配，轉動慣量小，響應靈敏

● 標準ModBus-RTU 通信協定，接入方便

    如下表所示，我們可以得到風向感測器的產品規格，由於筆者選擇 RS485 介面，使用 ModBus 通訊協定，可以讓開發更快，且可以應用到工業控制上，且該產品也是校正過，比起輸出電壓型的風向感測器，更加穩定、好用、便利。

表 8 風向感測器規格表

直流供電	10~30V DC
工作溫度	-20℃~+60℃，0%RH~80%RH
通信介面	485 通訊（modbus）協定
	串列傳輸速率：2400、4800（預設）、9600

	傳輸資料位元長度：8 位
	同位方式：無
	停止位長度：1 位
	預設 ModBus 通信地址：1
	支援功能碼：03
參數設置	用提供的配置軟體，透過 485 介面進行參數設定
測量範圍	8 個指示方向
動態回應時間	≤0.5s

風向感測器組立

　　如下圖所示，我們拿到風向感測器的產品，會有感測器本體與線材，由於筆者的風向感測器未來會裝置於清水吳厝國小，所以將線材增購為 16 米長。

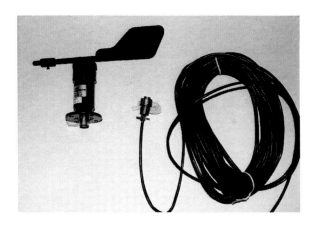

圖 32 風向感測器產品與線材

　　如下圖所示，我們拿到風向感測器的線材，將接頭端拿出來，是一個四接點母頭，在母頭圓圈中，有一個凹形缺口，裝置時必須注意這個凹形缺口要卡入正確。

圖 33 風向感測器線材接頭(母頭)

　　如下圖所示，我們拿到風向感測器的底面，也是一個四接點公頭，在公頭圓圈中，有一個凸起點，這個凸起點必須對準上圖之凹形缺口，必須要對好裝置時，才能正確插入，不可以用蠻力硬插入，這樣風向感測器會毀損。

圖 34 風向感測器底部接頭(公頭)

　　如下圖所示，如果將凸起點必須對準凹形缺口，正確插入後，我們就完成風向感測器產品組立。

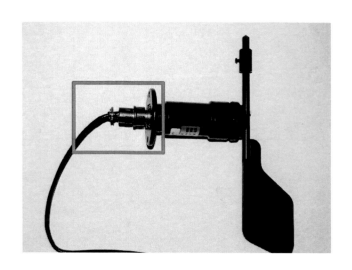

圖 35 完成風向感測器接頭組立

風向感測器接腳說明

如下表所示，我們在風向感測器線材另一端，是電源線與 RS-485 的訊號端。

表 9 風向感測器接腳表

	線材顏色	說明
電源	棕色	電源正（10~30V DC）
	黑色	電源負(接地)
通信	黃色	485-A
	藍色	485-B

如下圖所示，我們可以看到風向感測器線材另一端，棕線是 10~30V 直流電的正極端、黑線是 10~30V 直流電的負極端、黃線則是 RS 485 訊號的 A 端、藍線是 RS 485 訊號的 B 端，請讀者不要弄錯了。

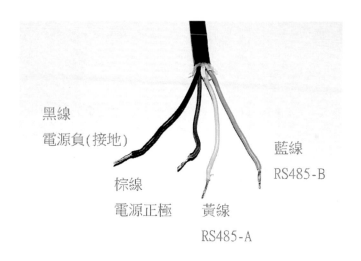

圖 36 風向感測器接線

風向感測器電源與訊號連接

　　如下圖所示，我們遵循上面所述，將棕線與黑線接上 12V 的交換式變壓器之 V+與 V-端。

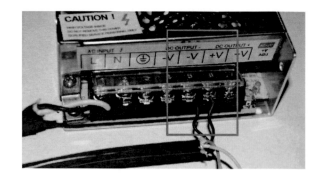

圖 37 接上電源

　　如下圖所示，由於我們要先用原廠的測試軟體，我們準備一個 RS232/RS485 轉

USB 轉接器，並將黃線(RS 485-A) 交到 RS 485-A(本轉換器為 D+)，將藍線(RS 485-B) 交到 RS 485-B(本轉換器為 D-)，完成測試電路後，將 RS232/RS485 轉 USB 轉接器接到電腦。

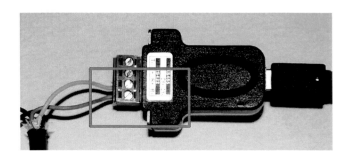

圖 38 接上 RS485

架設風向感測器

　　由於筆者先將產品於實驗室進行架設與開發，等到開發完成後，等到清水吳厝國小之風向感測器支架建置完成後，在到實地安裝，所以如下圖所示，我們先於實驗室進行架設與開發，我們可以看到將風向感測器架設在相機腳架上，方便筆者開發系統與測試用。

圖 39 架設風向感測器

風向感測器原廠軟體工具測試

　　如下圖所示，我們將 RS232/RS485 轉 USB 轉接器接到電腦後，在裝置管理員上可以該看到 RS232/RS485 轉 USB 轉接器成為一個連接埠，本文為 COM8，1 讀者請注意，要以您實際連接與設定的連接埠為主，因為根本文不一定相同的連接埠。

圖 40 裝置管理員畫面

　　如下圖所示，我們進入原廠提供的『RS485 參数配置工具 2.0』，其軟體網址為：
https://github.com/brucetsao/eWind/tree/master/Tools，我們先選擇通訊埠(串口號)，上圖
所示中，我們得知通訊埠(串口號)為 COM 8，所以我們將之設定為 COM 8。

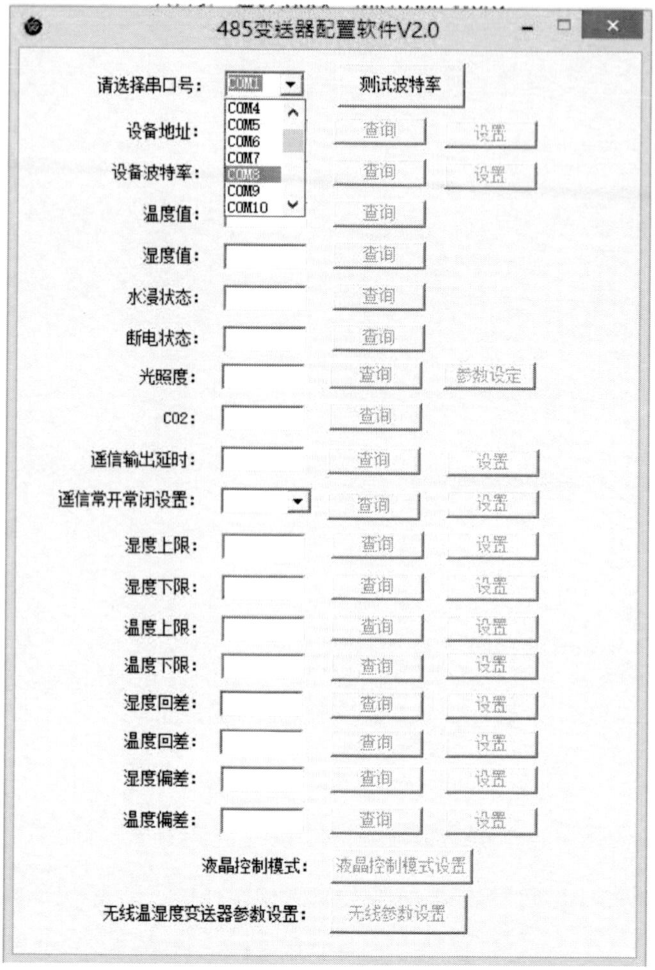

圖 41 選擇設定程式之通訊埠畫面

　　如下圖所示，我們按下下圖所示之紅框處之按鈕：將 RS232/RS485 轉 USB 轉接器接到電腦後，在裝置管理員上可以該看到 RS232/RS485 轉 USB 轉接器成為一個連接埠，本文為 COM8，1 讀者請注意，要以您實際連接與設測試波特率，我們可以得到設備號碼與通訊速率。

圖 42 測試程式之通訊速率測試畫面

如下圖所示，如果一切正確裝設與設定後，我們可以得到設備號碼與通訊速率，本文為設備號碼(設備地址)：1，通訊速率(設備波特率)：9600。

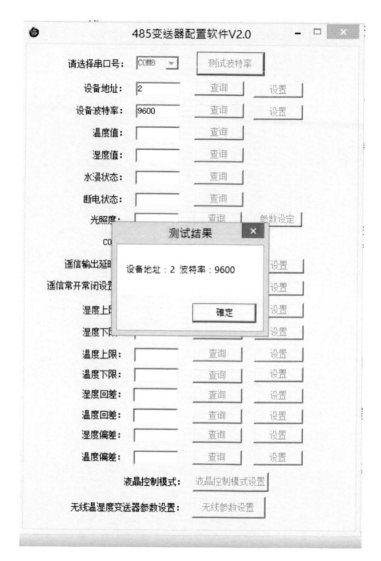

圖 43 取得通訊速率測試畫面

風向感測器通訊方式

如下表所示，我們必須先將通訊配置的資料，設定為下列資訊。

表 10 風向感測器通訊配置表

Communication Format	8 Bit Binary(Modbus RTU)
Data Bits	8 位
Parity	無
Stop Bits	1 位
Cyclic Redundancy Check	CRC16
Speed(Baud)	2400、4800、9600，Default :4800

由於風向感測器採用 Modbus-RTU 通訊規格(曹永忠, 2016a)，如下表所示，我們可以了解其使用 Modbus-RTU 查詢命令碼的格式如下表：

表 11 風向感測器使用 Modbus-RTU 查詢命令碼

設備位址	功能碼	暫存器起始位址	暫存器長度	CRC16 Low Byte	CRC16 High Byte
1 Byte	1 Byte	2 Byte	2 Byte	1 Byte	1 Byte

由於風向感測器採用許多暫存器，如下表所示，我們可以了解其使用暫存器內容如下

表 12 風向感測器之暫存器一覽表

暫存器位址	PLC或組態地址	內容	操作
0000 H	40001	風向（0-7檔） 上傳資料即為真實值	唯讀
0001 H	40002	風向（0-360°）上傳資料即為真實值	唯讀

由於本文使用設備位址為 2，所以我們可以求出下表所示之 Modbus-RTU 查詢命令範例碼。

表 13 Modbus-RTU 查詢命令範例碼

設備位址	功能碼	暫存器起始位址	暫存器長度	CRC16 Low Byte	CRC16 High Byte
0x02	0x03	0x00 0x00	0x00 0x02	0xC4	0x38

如果讀者不知道 CRC16 如何計算出，請使用網址: https://www.lam-mertbies.nl/comm/info/crc-calculation.html，將『020300000002』之十六進位值輸入後，如下圖所示，可以得到 0x38C4 的值。

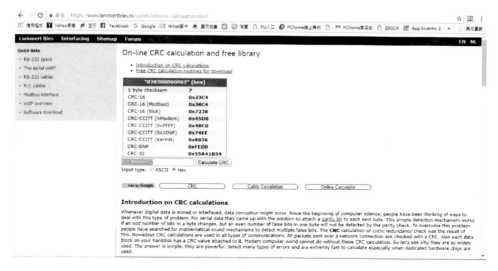

圖 44 使用線上工具計算出 CRC16

使用 AccessPort 通訊工具取得風向

本文使用 AccessPort 通訊工具，其下載網址為：https://accessport.soft32.com/，或到筆者 Github，網址為：https://github.com/brucetsao/eWind/tree/master/Tools，接可下載 AccessPort 通訊工具，目前版本為 1.37 版，將軟體安裝完成後，如下圖所示，我們

可以看到主畫面如下：

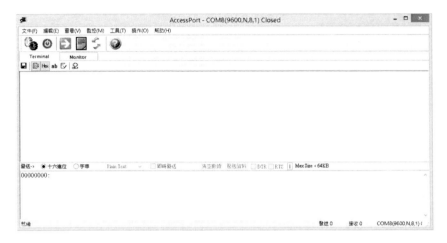

圖 45 AccessPort 通訊工具主畫面

如下圖所示，我們點選下圖紅框處，進入 AccessPort 通訊設置。

圖 46 進入 AccessPort 通訊設置

如下圖所示，我們進入 AccessPort 通訊設置畫面後，我們輸入下圖所示的通訊配置值後，按下確定完成通訊配置。

圖 47 進入 AccessPort 通訊設置畫面

如下圖所示，我們點選下圖紅框處，開啟 AccessPort 通訊埠。

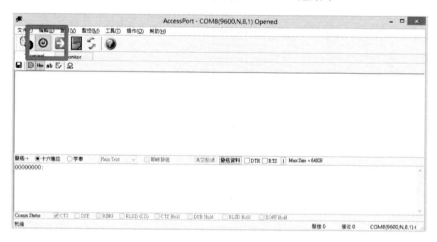

圖 48 開啟 AccessPort 通訊埠

如下圖所示，我們看到畫面抬頭出現『Opened』，則代表已開啟 AccessPort 通訊埠。

圖 49 進入 AccessPort 通訊設置畫面

如下圖所示，我們用十六進位方式輸入『020300000002C438』(參考下圖所示之內容)。

圖 50 輸入傳送命令(十六進位碼)

如下圖所示，我們點選下圖紅框處之發送資料，將輸入『020300000002C438』傳送到風向感測器進行查詢風向。

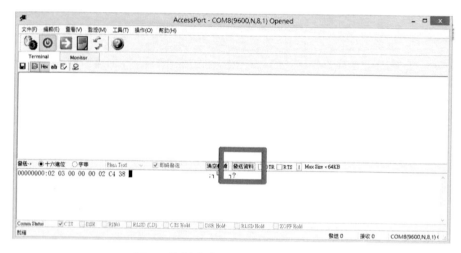

圖 51 傳送命令(十六進位碼)

　　如下圖所示，我們發現，我們得到『020304000500E1197A』之十六進位回傳值。

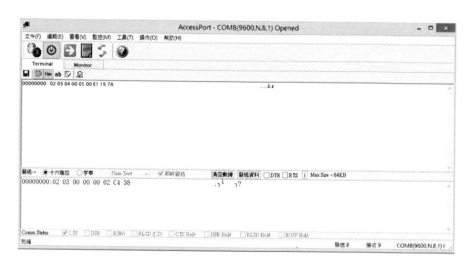

圖 52 取得回傳命令(十六進位碼)

解譯風向感測器回傳資料

由於風向感測器採用 Modbus-RTU 通訊規格，如下表所示，我們可以了解其使用 Modbus-RTU 回傳資料格式如下表：

表 14 風向感測器回傳資料格式

地址碼	功能碼	返回有效位元組數	風向（0-7 檔）	風向（0-360°）	CRC16
1 位元組	1 位元組	1 位元組	2 位元組	2 位元組	2 位元組

如下表所示，我們將得到『020304000500E1197A』之十六進位回傳值，整理成下表。

表 15 風向感測器實際回傳資料

地址碼	功能碼	返回有效位元組數	風向（0-7 檔）	風向（0-360°）	CRC16 Low Byte	CRC16 High Byte
0x02	0x03	0x04	0x00 0x05	0x00 0xE1	0x19	0x7A

我們在使用網址: https://www.lammertbies.nl/comm/info/crc-calculation.html，之線 CRC16 運算工具，將『020304000500E1』之十六進位值輸入後，如下圖所示，可以得到 0x0A84 的值。

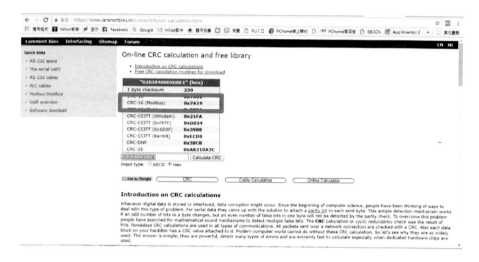

圖 53 使用線上工具計算出 CRC16 之值

我們在發現網址: https://www.lammertbies.nl/comm/info/crc-calculation.html，之線
CRC16 運算工具，計算出 CRC16(Modbus)的值為『0x7A19』。

我們在比較表 7 之實際資料，其 CRC16 資料為 0x19 與 0x7A，由於其表之
CRC16 順序為低位元組與高位元組，所以將之相反之後，得到 0x7A 與 0x19， 與
圖 30 之值：『0x7A19』完全相同，則回傳資料為正確之值。

如下表所示，我們參考風向感測器資料格式對照表，瞭解風向（0-7 檔）與風
向（0-360°）兩個值的意義：

- 風向（0-7 檔）表東、南、西、北、東北、東南、西北、西南八方向
- 風向（0-360°）表以北方為零度，順時鐘方向的角度

表 16 風向感測器資料格式對照表

採集值（0-7 檔）	採集值（0-360°）	對應方向
0	0°	北風
1	45°	東北風
2	90°	東風

3	135°	東南風
4	180°	南風
5	225°	西南風
6	270°	西風
7	315°	西北風

　　最後我們根據表 16 之格式，取出表 15 第四欄的資料，為 0x00 與 0x05，根據高位元組與低位元組進行運算，00*256+05(0x05)=5，我們根據表 16 之格式，計算出風向為西南風。

　　最後我們根據表 16 之格式，取出表 15 第五欄的資料，為 0x00 與 0xE1，根據高位元組與低位元組進行運算，00*256+225(0xE1)=225，我們根據表 16 之格式，計算出風向角度為 225°。

章節小結

　　本章主要介紹之風向偵測開發感測器，教導讀者如何組立風向偵測開發感測器，連接風向偵測開發感測器電路，如何測試通訊與讀取風向偵測開發感測器的風向資料，透過本章節的解說，相信讀者會對連接、使用風向偵測開發感測器，進行通訊，有更深入的了解與體認。

4

CHAPTER

使用溫溼度感測器

這幾年來，由於地球暖化，整個室外溫度越來越高，間接產生學子戶活動的危險性，所以，越來越多的校園與公眾空間，有開始監控溫溼度，筆者發現，目前氣象偵測，仍缺少二項資訊，那就是溫度與濕度等資訊，如果這兩項資訊可以加入在環境監控的資訊之中，那在氣象資訊的大數據分析之中，將會將氣象軌跡數位化，對整個社會，將產生更大的效用。

筆者友人是清水吳厝國小校長黃朝恭[7]先生，校址位於台中國際機場邊，也是清水的偏鄉學校，對於學子的健康與社區健康深感重要，委託筆者在該校內建立氣象監測站，並透過物聯網的技術，將這樣的資訊網頁化，可以讓各地方的使用者查詢到該區域的氣象相關資訊，鑑於如此，筆者將溫溼度感測監控的技術分享給讀者，希望可以透過我的經驗號召更多有志之士，可以將環境監控的感測資訊提升到更圓滿的境界。

溫溼度感測器硬體介紹

筆者並不打算自行開發溫溼感測器，因為校正本身就是一門學問，加上防水、防曬、穩定與強固性，筆者打算採用工業級的產品簡化整個系統開發的困難度，由於資金有限，筆者於淘寶網(https://world.taobao.com/)找到商家：仁科測控(https://shop142026040.world.taobao.com/)的風速產品：溫溼度變送器傳感器(產品網址: https://item.taobao.com/item.htm?spm=a1z09.2.0.0.67002e8dWw-KNvc&id=525196265285&_u=avlvti91c7f)，可以參考下圖所示：

---

[6] 臺中市清水區吳厝國民小學詳細資料 https://www.tc.edu.tw/school/list/detail/id/463

[7] 吳厝的阿恭校長 http://wu-tso-principal.blogspot.tw/

工業溫溼度感測模組

(a). 溫溼度感測器正面圖　　　　　　　(b). 溫溼度感測器尺寸圖

(c). 溫溼度感測器感測零件圖

圖 54 溫溼度感測器產品圖

溫溼度感測器硬體規格

筆者參考商家給的產品資料(下載網址：

https://github.com/brucetsao/eWind/tree/master/Doc，或參考附錄：壁掛王字殼溫濕度

變送器用戶手冊（485 型），產品為壁掛高防護等級外殼，防護等級 IP65，防雨雪

且透氣性好。電路採用美國進口工業級微處理器晶片、進口高精度溫度感測器，

確保產品優異的可靠性、高精度和互換性。 本產品採用顆粒燒結探頭護套，探頭

與殼體直接相連外觀美觀大方。輸出信號類型分為 RS485，最遠可通信 2000

米，標準的 modbus 協定，支援整合開發。

讀者可以參考下表之溫溼度感測器硬體規格，了解其硬體規格。

表 17 溫溼度感測器硬體規格表

直流供電（預設）		DC 10-30V
最大功耗		0.4W
A 准精度	濕度	±2%RH(5%RH~95%RH,25℃)
	溫度	±0.4℃（25℃）
B 准精度（預設）	濕度	±3%RH(5%RH~95%RH,25℃)
	溫度	±0.5℃（25℃）
變送器電路工作溫度		-40℃~+60℃，0%RH~80%RH
探頭工作溫度		-40℃~+120℃ 預設：-40℃~+80℃
探頭工作濕度		0%RH-100%RH
溫度顯示解析度		0.1℃
濕度顯示解析度		0.1%RH
溫濕度刷新時間		1s
長期穩定性	濕度	≤1%RH/y
	溫度	≤0.1℃/y
回應時間	濕度	≤4s(1m/s 風速)
	溫度	≤15s(1m/s 風速)
輸出信號		RS485(Modbus 協議)
安裝方式		壁掛式

資料來源：產品賣場：https://shop142026040.world.taobao.com/?spm=2013.1.0.0.5b8068a5Qrbav7

風向感測器組立

如下圖所示，我們拿到溫溼度感測器的產品，會有感測器本體與線材，由於筆者的溫溼感測器未來會裝置於清水吳厝國小，所以將線材增購為 16 米長。

(a). 場景示範圖

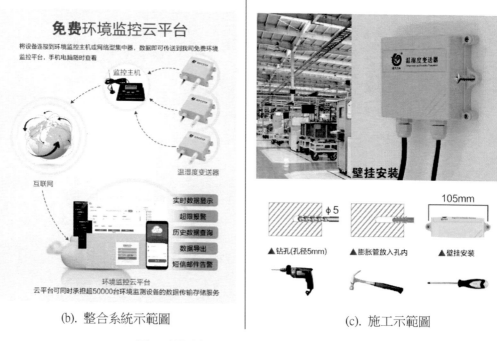

(b). 整合系統示範圖　　　　　　　(c). 施工示範圖

圖 55 溫溼度感測器是用情境介紹圖

資料來源：產品賣場　https://shop142026040.world.taobao.com/?spm=2013.1.0.0.5b8068a5Qrbav7

溫溼度感測器接腳說明

如下表所示，我們在溫溼度感測器線材另一端，是電源線與 RS-485 的訊號端。

如下圖所示，我們可以看到溫溼度感測器線材另一端，棕線是 10~30V 直流電

的正極端、黑線是 10~30V 直流電的負極端、黃線則是 RS 485 訊號的 A 端、藍線

是 RS 485 訊號的 B 端，請讀者不要弄錯了。

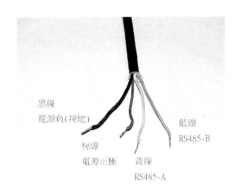

圖 56 溫溼度感測器接線

如下圖所示，我們可以參考下圖與下表，將溫溼度感測模組組立。

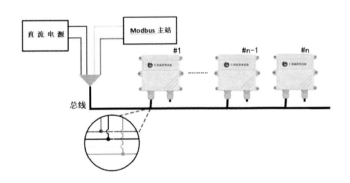

圖 57 溫溼度感測器接線示意圖

資料來源：產品官網：

https://item.taobao.com/item.htm?spm=a1z09.2.0.0.67002e8dWw-

KNvc&id=525196265285&_u=avlvti91c7f

若上圖仍有不明瞭之處，在哪到感測模組之後，可以參考下表進行 RS-485 的

連接。

表 18 溫溼度感測器接腳表

	線材顏色	說明
電　源	棕色	電源正（10~30V DC）
	黑色	電源負(接地)
通信	黃色	485-A
	藍色	485-B

如下圖所示，我們可以看到風向感測器線材另一端，棕線是 10~30V 直流電的
正極端、黑線是 10~30V 直流電的負極端、黃線則是 RS 485 訊號的 A 端、藍線是
RS 485 訊號的 B 端，請讀者不要弄錯了。

風向感測器電源與訊號連接

如下圖所示，我們遵循上面所述，將棕線與黑線接上 12V 的交換式變壓器之
V+與 V-端。

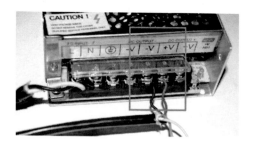

圖 58 接上電源

如下圖所示，由於我們要先用原廠的測試軟體，我們準備一個 RS232/RS485 轉
USB 轉接器，並將黃線(RS 485-A) 交到 RS 485-A(本轉換器為 D+)，將藍線(RS 485-

B) 交到 RS 485-B(本轉換器為 D-)，完成測試電路後，將 RS232/RS485 轉 USB 轉

接器接到電腦。

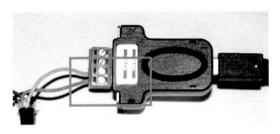

圖 59 接上 RS485

溫溼度感測器通訊方式

如下表所示，我們必須先將通訊配置的資料，設定為下列資訊。

表 19 溫溼度感測器通訊配置表

Communication Format	8 Bit Binary(Modbus RTU)
Data Bits	8 位
Parity	無
Stop Bits	1 位
Cyclic Redundancy Check	CRC16
Speed(Baud)	2400、4800、9600，Default :4800

由於溫溼度感測器採用 Modbus-RTU 通訊規格(曹永忠, 2016a)，如下表所示，

我們可以了解其使用 Modbus-RTU 查詢命令碼的格式如下表：

表 20 溫溼度感測器使用 Modbus-RTU 查詢命令碼

設備位址	功能碼	暫存器起始位址	暫存器長度	CRC16 Low Byte	CRC16 High Byte
1 Byte	1 Byte	2 Byte	2 Byte	1 Byte	1 Byte

由於溫溼度感測器採用許多暫存器，如下表所示，我們可以了解其使用暫存器內容如下

表 21 溫溼度感測器之暫存器一覽表

暫存器位址	PLC或組態地址	內容	操作
0000 H	40001	溼度	唯讀
0001 H	40002	溫度	唯讀

由於本文使用設備位址為 2，所以我們可以求出下表所示之 Modbus-RTU 查詢命令範例碼。

表 22 Modbus-RTU 查詢命令範例碼

設備位址	功能碼	暫存器起始位址	暫存器長度	CRC16 Low Byte	CRC16 High Byte
0x01	0x03	0x00 0x00	0x00 0x02	0xC4	0x0B

如果讀者不知道 CRC16 如何計算出，請使用網址：https://www.lam-mertbies.nl/comm/info/crc-calculation.html，將『010300000002』之十六進位值輸入後，如下圖所示，可以得到 0x0BC4 的值。

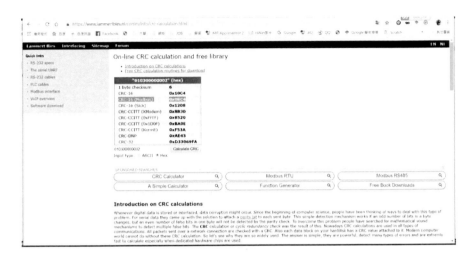

圖 60 使用線上工具計算出 CRC16

解譯溫溼度感測器回傳資料

由於溫溼度感測器採用 Modbus-RTU 通訊規格，如下表所示，我們可以了解其使用 Modbus-RTU 回傳資料格式如下表：

表 23 溫溼度感測器回傳資料格式

地址碼	功能碼	返回有效位元組數	濕度值	溫度值	CRC16
1 位元組	1 位元組	1 位元組	2 位元組	2 位元組	2 位元組

如下表所示，我們將得到『020304000500E1197A』之十六進位回傳值，整理成下表。

表 24 溫溼度感測器實際回傳資料

地址碼	功能碼	返回有效位元組數	濕度值		溫度值		CRC16 Low Byte	CRC16 High Byte
0x01	0x03	0x04	0x02	0x92	0xFF	0x9B	0x5A	0x3D

我們在使用網址: https://www.lammertbies.nl/comm/info/crc-calculation.html，之線 CRC16 運算工具，將『0103040292FF9B』之十六進位值輸入後，如下圖所示，可以得到 0x3D5A 的值。

圖 61 使用線上工具計算測試通訊之 CRC16 之值

我們在發現網址: https://www.lammertbies.nl/comm/info/crc-calculation.html，之線 CRC16 運算工具，計算出 CRC16(Modbus)的值為『0x3D5A』。

我們在比較上表之實際資料，其 CRC16 資料為 0x5A 與 0x3D，由於其表之 CRC16 順序為低位元組與高位元組，所以將之相反之後，得到 0x3D 與 0x5A， 與圖 30 之值：『0x3D5A』完全相同，則回傳資料為正確之值。

最後我們根據上表之資料根據官方資料計算：

溫度計算：

當溫度低於 0 ℃ 時溫度資料以補數的形式上傳。 溫度：FF9B H(十六進位)= -101 => 溫度 = -10.1℃

濕度計算：

濕度：292 H (十六進位)= 658 => 濕度 = 65.8%RH

章節小結

本章主要介紹之風溫溼度感測器，教導讀者如何組立溫溼度感測器，連接溫溼度感測器進行電路組立，如何測試通訊與讀取溫溼度感測器的溫度與濕度資料，透過本章節的解說，相信讀者會對連接、使用溫溼度感測器，進行通訊，有更深入的了解與體認。

5

CHAPTER

裝置端系統開發

筆者希望能在空汙偵測的系統之中，加入四項資訊：風向、風速、溫度與濕度等參考資訊，如果這四項資訊可以加入在環境監控的資訊之中，那在空汙資訊的大數據分析之中，將會將空汙的汙染軌跡數位化，對整個社會，將產生更大的效用。

本文會應用 NodeMCU-32S Lua WiFi 物聯網開發板，透過 TCP/IP ，連上熱點 (Access Point)，進而連上網際網路，讓使用者可以在網頁上可以看到風向、風速、溫度與濕度的資料，並且將系統整合在網站之中，建立一個氣象物聯網的平台。

硬體架構

如下圖 (a)/(b)/(c) 所示，筆者使用風速感測器、方向感測器、溫溼度感測器三種工業級的產品來建構本系統感測元件，如下圖(d)所示，並使用RS-485轉TTL訊號轉換器來將風速感測器、方向感測器、溫溼度感測器三種工業級的RS-485訊號轉換成NodeMCU-32S Lua WiFi 物聯網開發板可以讀取的UART之TTL訊號。

由於整個電力，由逢甲小書屋NO.6-牛罵頭小書屋的太陽能供電系統產生，此系統供應24V DC直流電力，如下圖(e)所示所以筆者加入24V轉USB 5V轉換器為整個系統的電力供應來源。

風速
(a)

(a).風速感測器　　　　(b).風速感測器底部訊號電源接腳圖

(c).風速感測器上視圖

風向
(b)

(a).風向感測器　　　　(b).風向感測器底部訊號電源接腳圖

(c).風向感測器上視圖

溫溼度 (c)	 (a). 溫溼度感測器正面圖	 (b). 溫溼度感測器尺寸圖

(c). 溫溼度感測器感測零件圖

RS-485 轉 TTL 轉換器 (d)	 
24V轉 USB 5V 轉換器 (e)	

圖 62 零件一覽表

　　如下圖所示，把這些感測元件，加上 NodeMCU-32S Lua WiFi 物聯網開發板，與連接電路，完成下圖之電路圖。

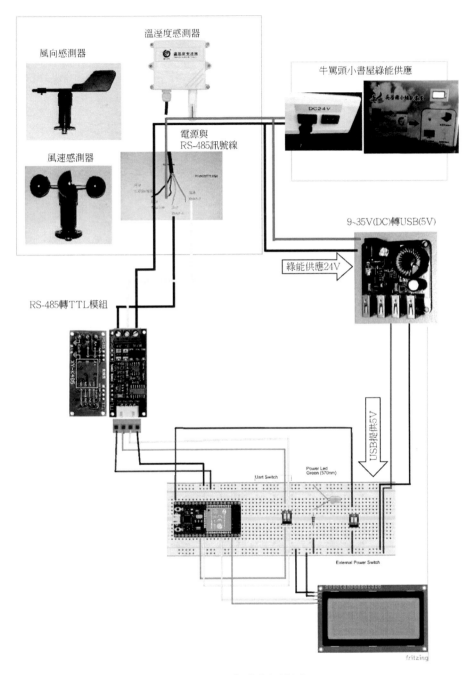

圖 63 硬體電路架構圖

　　接下來我們參考上圖的硬體電路架構圖，來實際用洞洞板連接實體電路，繼續做下去。

感測器實體建置

筆者將上述所述所有元件與系統，建置在清水吳厝國小的逢甲牛罵頭小書屋之上，如下圖所示為樹屋旁的氣象觀測站的感測模組。

圖 64 樹屋正面圖

如下圖所示為樹屋旁的氣象觀測站的感測模組支架。

圖 65 感測器架設柱

如下圖所示為氣象觀測站的感測模組U型感測器柱。

圖 66 U 型感測器柱

如下圖所示為氣象觀測站的U型感測器柱上的感測模組。

圖 67 架上感測器

如下圖所示為氣象觀測站的U型感測器柱上的風向感測模組。

圖 68 風向感測器(架上)

如下圖所示為氣象觀測站的U型感測器柱上的風速感測模組。

圖 69 風速感測器(架上)

如下圖所示為氣象觀測站的U型感測器柱上的溫溼度感測模組。

圖 70 溫溼度感測器(架上)

最後將這三個感測模組的電力線與資料線連接到樹屋內部。

完成氣象感測模組電力供應與資料傳輸連接

如下圖所示,由於風向、風速、溫溼度都需要電力(12~30V直流),所以我們手工焊接一個RS-485的HUB,如下圖所示,將這三個氣象感測模組連接在這個RS-485的HUB上。

圖 71 氣象感測模組電力供應與資料傳輸連接

如下圖所示,因為一般單晶片無法直接連接RS-485如此高的電器標準,所以筆者使用RS-485轉TTL模組,將將HUB連接到RS-485到ＴＴＬ模組,再連接到開發板。

圖 72 將 HUB 連接到 RS-485 到ＴＴＬ模組

使用暨南國際大學 412 實驗室之雲端主機

　　如下圖所示，因應清水吳厝國小 黃朝恭 校長要求，筆者使用使用暨南國際大

學412實驗室之雲端主機(曹永忠, 2018a, 2018b, 2018c, 2018d)：

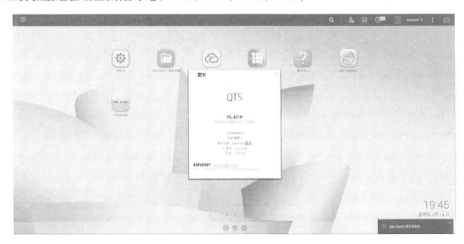

圖 73 使用暨南國際大學 412 實驗室之雲端主機

透過暨南國際大學412實驗室之雲端主機，我們建立一台網站與雲端伺服器，如下圖所示，可以看到網址：http://ncnu.arduino.org.tw:9999/iot.php，筆者使用QNAP NAS (TS-431P)建立雲端主機(曹永忠, 許智誠, & 蔡英德, 2018a, 2018b, 2019a, 2019b)。

圖 74 使用暨南國際大學 412 實驗室之雲端主機

筆者已在該主機上，建立 Apache、Mysql、Php 等，相關細節，請參考風向、風速、溫溼度整合系統開發(氣象物聯網):A Tiny Prototyping Web System for Weather Monitoring System (IOT for Weather)(曹永忠 & 黃朝恭, 2019)、Ameba 風力監控系統開發(氣象物聯網) (Using Ameba to Develop a Wind Monitoring System (IOT for Weather))(曹永忠, 許智誠, & 蔡英德, 2017a)等書。讀者也可以在其他書籍或網路上找到對應文章，筆者不再此多加以敘述。

氣象站整體架構

有了硬體架構後，將實體感測元件與開發板等連接成實體電路後，為了能夠建裡整個系統，我們參考下圖，來建立系統架構。

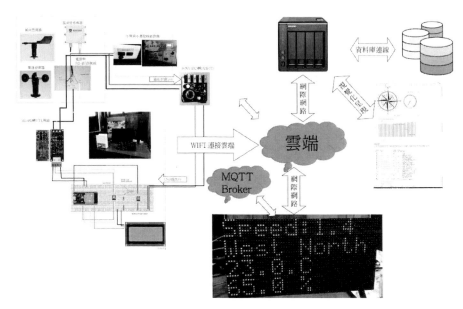

圖 75 氣象站整體架構圖

如下圖所示，為第一套原型。

圖 76 氣象站整體架構圖

如下圖所示，為裝置之實際電路板：

圖 77 裝置之實際電路板

如下圖所示，為裝置之裝置之面板顯示器：

圖 78 裝置之面板顯示器

如下圖所示，為裝置之裝置之面板顯示器(放大圖)：

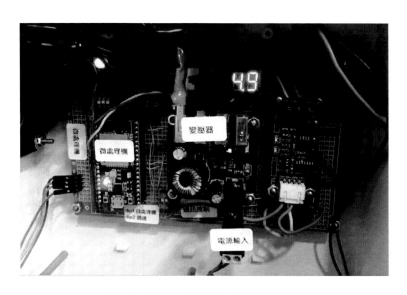

圖 79 裝置之面板顯示器(放大圖)

如下圖所示，為裝置之裝置原型：

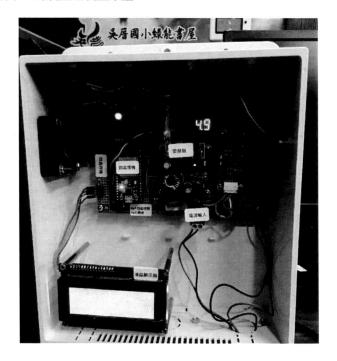

圖 80 裝置原型

建立資料表

對於使用 PhpmyAdmin 工具建立資料表的讀者不熟這套工具者，可以先參閱筆者著作：『Ameba 程式設計(物聯網基礎篇):An Introduction to Internet of Thing by Using Ameba RTL8195AM』(曹永忠, 吳佳駿, 許智誠, & 蔡英德, 2017a)、『Ameba 程序设计(基础篇):Ameba RTL8195AM IOT Programming (Basic Concept & Tricks)』(曹永忠, 吳佳駿, 許智誠, & 蔡英德, 2016)、『Arduino 程式設計教學(技巧篇):Arduino Programming (Writing Style & Skills))』(曹永忠, 吳佳駿, 許智誠, & 蔡英德, 2017b)、『溫溼度裝置與行動應用開發(智慧家居篇):A Temperature & Humidity Monitoring Device and Mobile APPs Develop-ment(Smart Home Series) 』(曹永忠, 許智誠, & 蔡英德, 2018c)、『雲端平台(系統開發基礎篇): The Tiny Prototyping System Development based on QNAP Solution』(曹永忠, 許智誠, et al., 2019b)等書籍，先熟悉這些基本技巧與能力。

如已熟悉者，讀者可以參考下表，建立 wind 資料表。

表 25 wind 資料表欄位規格書

欄位名稱	型態	欄位解釋
id	Int(11)	主鍵
sysdatetime	Timestamp	資料更新日期時間
speed	float	風速
Way	Int(12)	風向
temp	float	溫度
humid	float	濕度
Ip	Char(20)	連線 ip 位址
DT	Char(12)	YYYYMMDDHHMM
mac	Char(12)	網卡編號(16 進位表示)
PRIMARY id : primary key unique		

讀者也可以參考下表，使用 SQL 敘述，建立 wind 資料表。

```
--
-- 資料表結構 `wind`
--

CREATE TABLE `wind` (
  `id` int(11) NOT NULL,
  `sysdatetime` timestamp NOT NULL DEFAULT CURRENT_TIMESTAMP ON
UPDATE CURRENT_TIMESTAMP,
  `speed` float NOT NULL COMMENT '風速',
  `way` int(12) NOT NULL COMMENT '風向',
  `temp` float NOT NULL COMMENT '溫度',
  `humid` float NOT NULL COMMENT '濕度',
  `ip` varchar(20) NOT NULL COMMENT '連上 IP 位址',
  `DT` varchar(12) NOT NULL COMMENT 'YYYYMMDDHHMM',
  `mac` varchar(16) DEFAULT NULL COMMENT '連上網卡號碼'
) ENGINE=InnoDB DEFAULT CHARSET=latin1 COMMENT='吳厝國小樹屋風速資
訊表';


--
-- 已匯出資料表的索引
--


--
-- 資料表索引 `wind`
--
ALTER TABLE `wind`
  ADD PRIMARY KEY (`id`),
  ADD UNIQUE KEY `ckduplicate` (`mac`,`DT`),
  ADD KEY `dt` (`DT`);


--
-- 在匯出的資料表使用 AUTO_INCREMENT
--


--
```

```
-- 使用資料表 AUTO_INCREMENT `wind`
--

--
-- 使用資料表 AUTO_INCREMENT `wind`
--
ALTER TABLE `wind`
  MODIFY `id` int(11) NOT NULL AUTO_INCREMENT, AUTO_INCREMENT=1;
COMMIT;
```

　　如下圖所示，建立 wind 資料表完成之後，我們可以看到下圖之 wind 資料表欄位結構圖。

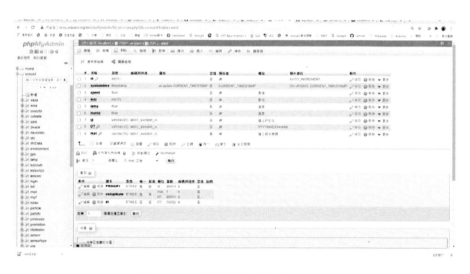

圖 81 wind 資料表建立完成

將讀取風向感測、風速感測、溫溼度感測器等感測值送到雲端

　　我們將 NodeMCU-32S Lua WiFi 物聯網開發板的驅動程式安裝好之後，我們打開 Arduino 開發板的開發工具：Sketch IDE 整合開發軟體(軟體下載請到：https://www.arduino.cc/en/Main/Software)，攥寫一段程式，如下表所示之透過 WIFI 模組傳送感測資料程式，透過 NodeMCU-32S Lua WiFi 物聯網開發板，將讀取風向感測、風速感測、溫溼度感測器等模組感測值送到網頁上(曹永忠, 2018e, 2018f)。

表 26 透過 WIFI 模組傳送感測資料程式

透過 WIFI 模組傳送感測資料程式(Newwind_Modbus_20210201)

```
#include "arduino_secrets.h"
#include "crc16.h"
#include <Wire.h>
#include <LiquidCrystal_I2C.h>

#include <WiFi.h>
#include <WiFiMulti.h>
#include <PubSubClient.h>

WiFiMulti wifiMulti;

WiFiClient mqclient;
PubSubClient mqttclient(mqclient);

LiquidCrystal_I2C lcd(0x27,20,4);    // set the LCD address to 0x27 for a 16 chars and 2
line display

//-----------------------



//char ssid[] = SECRET_SSID;              // your network SSID (name)
//char pass[] = SECRET_PASS;        // your network password (use for WPA, or use as
key for WEP)
int keyIndex = 0;                  // your network key Index number (needed only for
WEP)
            // your network key Index number (needed only for WEP)

  IPAddress ip ;
  long rssi ;

int status = WL_IDLE_STATUS;
char iotserver[] = "ncnu.arduino.org.tw";        // name address for Google (using DNS)
```

```
int iotport = 9999 ;
// Initialize the Ethernet client library
// with the IP address and port of the server
// that you want to connect to (port 80 is default for HTTP):
String strGet="GET /wind/windadd.php";
String strHttp=" HTTP/1.1";
String strHost="Host: ncnu.arduino.org.tw";    //OK
  String connectstr ;
String MacData ;
WiFiClient client;

//   control parameter
boolean systemstatus = false ;
boolean Reading = false ;
boolean Readok = false ;
// int trycount = 0 ;
int wifierror = 0 ;
boolean btnflag = false ;
//---------------

uint8_t outdata1[] = {0x01, 0x03, 0x00, 0x00, 0x00, 0x01, 0x84, 0x0A } ;
// crc16 for data1 is 840A
uint8_t incomingdata1[7] ;
uint8_t outdata2[] = {0x02, 0x03, 0x00, 0x00, 0x00, 0x02, 0xC4, 0x38 } ;
// crc16 for data2 is   C438
uint8_t incomingdata2[9] ;
uint8_t outdata3[] = {0x03, 0x03, 0x00, 0x00, 0x00, 0x02, 0xC5, 0xE9 } ;
// crc16 for data3 is   C5E9
uint8_t incomingdata3[9] ;
String WindWay[] = {"北風","東北風","東風","東南風","南風","西南風","西風","西
北風" } ;
int Winddir=0 ;
int Windangle=0 ;
String WinddirName =WindWay[Winddir]   ;
double Windspeed =0,   Temp=0, Humid =0 ;
//---------------
#include <ArduinoJson.h>
```

```
char clintid[20];
const int capacity = JSON_OBJECT_SIZE(6);
  StaticJsonDocument<200> doc;
char JSONmessageBuffer[200];
String payloadStr ;
String pubTopic = "/NCNU/Wind/" ;
      //-----------------
void setup()
{


   initall() ;

   WiFi.disconnect(true);
   WiFi.setSleep(false);


       wifiMulti.addAP(AP1, PW1);
       wifiMulti.addAP(AP2, PW2);
       wifiMulti.addAP(AP3, PW3);


      Serial.println("Connecting Wifi...");
      if(wifiMulti.run() == WL_CONNECTED)
      {
          Apname = WiFi.SSID();
          ip = WiFi.localIP();
          Serial.println("");
          Serial.print("Successful Connectting to Access Point:");
          Serial.println(WiFi.SSID());
          Serial.print("\n");

          Serial.println("WiFi connected");
          Serial.println("IP address: ");
          Serial.println(ip);
            //ShowAP() ;


      }
   MacData = GetMacAddress() ;
  // printWiFiStatus();
```

```
    ShowInternet() ;
    ShowString("init System...") ;
    mqttclient.setServer("broker.shiftr.io", 1883);
    // mqttclient.begin("broker.shiftr.io", mqclient);
  // mqttclient.onMessage(messageReceived);
    fillCID(MacData); // generate a random clientid based MAC
    Serial.print("MQTT ClientID is :(") ;
    Serial.print(clintid) ;
    Serial.print(")\n") ;
    pubTopic.concat(MacData) ;
    connectMQTT();
      PowerOn() ;
      btnflag = false ;
    ShowString("System   Ready") ;
    Serial.println("System   Ready");



    }



void loop() {
  // mqttclient.loop() ;
    GetSensorData() ;
    ShowSensor() ;
    ShowSensoronLCD() ;
    payloadStr = CreateJsonData2(MacData,IpAddress2String(ip),Windspeed,Windan-
gle,Temp,Humid) ;

    connectstr = "" ;
    //http://ncnu.arduino.org.tw:9999/wind/win-
dadd.php?mac=246F289E432C&ip=192.168.1.102&speed=0.00&way=0&temp=0.00&hu-
mid=0.00

  connectstr = "?mac=" + MacData+"&ip="+IpAddress2String(ip)+"&speed="+
String(Windspeed)+"&way="+ Windangle+"&temp="+ String(Temp)+"&humid="+
String(Humid);
                    Serial.println(connectstr) ;
                      if (client.connect(iotserver, iotport))
                        {
```

```
                    ShowString("Send Data to DB") ;
                    Serial.println("Make a HTTP request ... ");
                    //### Send to Server
                    String strHttpGet = strGet + connectstr + strHttp;
                    Serial.println(strHttpGet);

                    client.println(strHttpGet);
                    Serial.println(strHost);
                    client.println(strHost);
                     client.println("Connection: close");
                    client.println();
                }


        if (client.connected())
        {
                client.stop();   // DISCONNECT FROM THE SERVER
                    Serial.println("client disonnected");
        }
    digitalWrite(AccessLED,LOW) ;
//   ShowString("Create MQTT Data") ;
//   serializeJson(doc, JSONmessageBuffer) ;
    if (!mqttclient.connected())
{
    Serial.println("ReconnectMQTT()");
    connectMQTT();
        ShowString("MQTT Reconnected...") ;
}


payloadStr.toCharArray(JSONmessageBuffer,payloadStr.length()+1) ;
        JSONmessageBuffer[payloadStr.length()+2]='\n' ;
Serial.print("Size is :") ;
 Serial.print(payloadStr.length()) ;
 Serial.print("/") ;
        Serial.print(payloadStr) ;
 Serial.print("/") ;
        Serial.print(JSONmessageBuffer) ;
        Serial.print("\n") ;
```

```
if (mqttclient.publish(&pubTopic[0],JSONmessageBuffer,payloadStr.length()+1))
{
        ShowString("MQTT Sent success.....") ;
        mqttclient.loop() ;
    }else
    {
        ShowString("MQTT Fail....") ;
    }



  delay(15000);
}

void GetSensorData()
{
    GetWindSpeed() ;
    ClearBuffer() ;
    GetWindDir() ;
    ClearBuffer() ;
    GetDHT() ;
    ClearBuffer() ;
}
void ShowSensoronLCD()
{
    lcd.setCursor(0,2);
  lcd.print("                    ");
  lcd.setCursor(0,2);
    lcd.print(Windspeed) ;
    lcd.print("/") ;
    lcd.print(Windangle) ;
    lcd.print("/") ;
    lcd.print(Temp) ;
    lcd.print("/") ;
    lcd.print(Humid) ;


}
void ShowSensor()
```

```
{
    Serial.print("IP Address: ");
    Serial.println(ip);
        Serial.print("\n") ;
        Serial.print("Wind Speed is :(") ;
        Serial.print(Windspeed) ;
        Serial.print(" m/s )\n") ;
        Serial.print("Wind Direction is :(") ;
        Serial.print(WinddirName) ;
        Serial.print(")\n") ;
        Serial.print("Temperature is :(") ;
        Serial.print(Temp) ;
        Serial.print(")\n") ;
        Serial.print("Humidity is :(") ;
        Serial.print(Humid) ;
        Serial.print(")\n") ;


}
void printWiFiStatus() {
    //Apname = WiFi.SSID();
    // print the SSID of the network you're attached to:
    Serial.print("SSID: ");
    Serial.println(Apname);


    // print your WiFi shield's IP address:
 // ip = WiFi.localIP();
    Serial.print("IP Address: ");
    Serial.println(ip);


    // print the received signal strength:
    long rssi = WiFi.RSSI();
    Serial.print("signal strength (RSSI):");
    Serial.print(rssi);
    Serial.println(" dBm");
    // print where to go in a browser:
    Serial.print("To see this page in action, open a browser to http://");
    Serial.println(ip);
}
```

```
//---------Speed----------
int GetWindSpeed()
{
        sendSpeedQuery() ;
        delay(250) ;
    if (receiveSpeedQuery())
            {

                if ( CompareCRC16(ModbusCRC16(incomingdata1,5),incoming-
data1[6],incomingdata1[5]) )
                        {
                        Windspeed= ( ( (double)incomingdata1[3]*256+(double)incom-
ingdata1[4] )/10)   ;
                        //Windangle= ( ( (double)incomingdata1[5]*256+(double)incom-
ingdata1[6] )/10)   ;

                        return (1)   ;
                        }
                    else
                    {
                        return (-1) ;
                    }

        }
        else
        {
            return (-2) ;

        }

}

void sendSpeedQuery()
{
    Serial2.write(outdata1,8) ;

}

boolean receiveSpeedQuery()
```

```
{
    boolean ret = false ;
    unsigned strtime = millis() ;
        while(true)
        {
            if ( (millis() - strtime) > 3000)
            {
                ret = false ;
                return   ret ;
            }


            if (Serial2.available() >= 7)
                {
                    Serial2.readBytes(incomingdata1, 7) ;
                    ret = true ;
                    return   ret ;
                }
        }
}



//---------Win direction----------
String GetWindDir()
{
        sendDirQuery() ;
        delay(250) ;
    int tmp = GetWindDirCheck() ;
    Serial.print("GetWindDir():(") ;
    Serial.print(tmp) ;
    Serial.print(")\n") ;
if (tmp >= 0)
    {
        return WindWay[tmp] ;
    }
    else
    {
        return "Undefined" ;
    }
```

```c
}
int CalcWind(uint8_t Hi, uint8_t Lo)
{
    return (  Hi *  256+ Lo  ) ;
}
int CalcWind1(uint8_t Hi, uint8_t Lo)
{
    if ((Hi,7) == 1)
      {
        Hi =  bitWrite(Hi,7,0) ;
         return (  Hi *  256+ Lo  ) * (-1) ;
      }
      else
      {
            return (  Hi *  256+ Lo  ) ;
      }

}
int GetWindDirCheck()
{

    if (receiveDirQuery())
        {

            if ( CompareCRC16(ModbusCRC16(incomingdata2,7),incoming-
data2[8],incomingdata2[7]) )
                {
                    Windangle = incomingdata2[5]*256+incomingdata2[6] ;
                    Winddir = incomingdata2[3]*256+incomingdata2[4]   ;
                    return (CalcWind(incomingdata2[3],incomingdata2[4]))   ;
                }
                else
                {
                    return (-1)   ;
                }


        }
        else
```

```
            {
                return (-2) ;

            }

}

void sendDirQuery()
{
    Serial2.write(outdata2,8) ;

}

boolean receiveDirQuery()
{
    boolean ret = false ;
    unsigned strtime = millis() ;
        while(true)
            {
                if ( (millis() - strtime) > 3000)
                {
                    ret = false ;
                     return    ret ;
                }

                if (Serial2.available() >= 9)
                    {
                        Serial2.readBytes(incomingdata2, 9) ;
                         ret = true ;
                         return    ret ;
                    }
            }
}

//---------DHT ----------
int GetDHT()
{
    sendDHTQuery() ;
    delay(250) ;
```

```
    int tmp = GetDHTCheck() ;
    if (tmp == 1)
      {
        Temp = (double)(CalcWind1(incomingdata3[5],incomingdata3[6])/10) ;
        Humid = (double)(CalcWind(incomingdata3[3],incomingdata3[4])/10) ;
      }
    else
      {
            Serial.print("GetDHTCheck Error Code is :(") ;
          Serial.print(tmp) ;
          Serial.print(")\n") ;
      }
  return tmp ;
}

int GetDHTCheck()
{

    if (receiveDHTQuery())
        {

            if ( CompareCRC16(ModbusCRC16(incomingdata3,7),incoming-
data3[8],incomingdata3[7]) )
                    {
                      return 1   ;
                    }
                  else
                    {
                      return (-1)   ;
                    }

        }
        else
        {
            return (-2) ;

        }

}
```

```
void sendDHTQuery()
{
    Serial2.write(outdata3,8) ;


}

boolean receiveDHTQuery()
{
    boolean ret = false ;
    unsigned strtime = millis() ;
        while(true)
            {
                if ( (millis() - strtime) > 3000)
                {
                    ret = false ;
                     return    ret ;
                }

                if (Serial2.available() >= 9)
                    {
                        Serial2.readBytes(incomingdata3, 9) ;
                        ret = true ;
                        return    ret ;
                    }
            }
}



//-----------
void ClearBuffer()
{
    unsigned char tt;
    if ( Serial2.available() >0)
        {
            while ( Serial2.available() >0)
                {
                    tt = Serial2.read() ;
                }
```

```
        }
}

void initall()
{
    Serial.begin(9600);          // initialize serial communication
    Serial2.begin(9600, SERIAL_8N1, RXD2, TXD2);        // initialize serial communica-
tion
    pinMode(PowerLed,OUTPUT) ;
    pinMode(AccessLED,OUTPUT) ;
    digitalWrite(PowerLed,HIGH) ;
    digitalWrite(AccessLED,LOW) ;
     lcd.init();                                // initialize the lcd

    // Print a message to the LCD.
    lcd.backlight();
    lcd.setCursor(0,0);
    doc["MAC"] = "112233445566";
    doc["IP"] = "192.168.99.254";
    doc["WindSpeed"] = String(0.0);
    doc["WindDirection"] = String(0);
    doc["Temperature"] = String(0.0);
    doc["Humidity"] = String(0.0);
}


//------------------
void ShowInternet()
{
    ShowMAC() ;
    ShowAP() ;
    ShowIP()   ;
}

void ShowAP()
{
    lcd.setCursor(12,0);
    lcd.print("/");
    lcd.print(Apname);
```

```
}
void ClearShow()
{
    lcd.setCursor(0,0);
    lcd.clear() ;
    lcd.setCursor(0,0);
}

void ShowMAC()
{
  lcd.setCursor(0,0);
  lcd.print("                    ");
  lcd.setCursor(0,0);
  lcd.print(MacData);

}
void ShowIP()
{
  lcd.setCursor(0,1);
  lcd.print("                    ");
  lcd.setCursor(0,1);
  lcd.print("IP:");
  lcd.print(ip);

}




void ShowString(String ss)
{
  lcd.setCursor(0,3);
  lcd.print("                    ");
  lcd.setCursor(0,3);
  lcd.print(ss.substring(0,19));
  //delay(1000);
}
```

```
String SPACE(int sp)
{
    String tmp = "" ;
    for (int i = 0 ; i < sp; i++)
        {
            tmp.concat(' ')   ;
        }
    return tmp ;
}


String strzero(long num, int len, int base)
{
    String retstring = String("");
    int ln = 1 ;
        int i = 0 ;
        char tmp[10] ;
        long tmpnum = num ;
        int tmpchr = 0 ;
        char hexcode[]={'0','1','2','3','4','5','6','7','8','9','A','B','C','D','E','F} ;
        while (ln <= len)
        {
            tmpchr = (int)(tmpnum % base) ;
            tmp[ln-1] = hexcode[tmpchr] ;
            ln++ ;
             tmpnum = (long)(tmpnum/base) ;


        }
        for (i = len-1; i >= 0 ; i --)
          {
                retstring.concat(tmp[i]);
          }

    return retstring;
}

unsigned long unstrzero(String hexstr, int base)
{
```

```
    String chkstring    ;
    int len = hexstr.length() ;

        unsigned int i = 0 ;
        unsigned int tmp = 0 ;
        unsigned int tmp1 = 0 ;
        unsigned long tmpnum = 0 ;
        String hexcode = String("0123456789ABCDEF") ;
        for (i = 0 ; i < (len ) ; i++)
        {
//        chkstring= hexstr.substring(i,i) ;
            hexstr.toUpperCase() ;
                tmp = hexstr.charAt(i) ;      // give i th char and return this char
                tmp1 = hexcode.indexOf(tmp) ;
            tmpnum = tmpnum + tmp1* POW(base,(len -i -1) )    ;


        }
    return tmpnum;
}

long POW(long num, int expo)
{
    long tmp =1 ;
    if (expo > 0)
    {
            for(int i = 0 ; i< expo ; i++)
                tmp = tmp * num ;
                return tmp ;
    }
    else
    {
        return tmp ;
    }
}

void PowerOn()
```

```
{
    digitalWrite(PowerLed,HIGH) ;
}

void PowerOff()
{
    digitalWrite(PowerLed,LOW) ;
}




void AccessOn()
{
    digitalWrite(AccessLED,HIGH) ;
}

void AccessOff()
{
    digitalWrite(AccessLED,LOW) ;
}

 void connectMQTT()
 {
  Serial.print("MQTT ClientID is :(") ;
  Serial.print(clintid) ;
  Serial.print(")\n") ;
  long strtime = millis() ;
  while (!mqttclient.connect(clintid, "try", "try")) {
    Serial.print("-");
    delay(1000);
    if ((millis()-strtime )>WaitingTimetoReboot )
      {
              Serial.println("No Wifi and Rebooting") ;
              ShowString("Rebooting.") ;
              ESP.restart();
      }
    }
    Serial.print("\n");
```

```
    mqttclient.subscribe("/NCNU/Wind/#");
    Serial.println("\n MQTT connected!");



    // client.unsubscribe("/hello");
}



void messageReceived(String &topic, String &payload) {
            //CarNumber = payload ;
            ShowString("Msg:"+payload) ;
        Serial.println("MSG:" +payload);



}



void msgDecode(String tt)
{

}



void listNetworks()
{
  // scan for nearby networks:
  Serial.println("** Scan Networks **");
    Serial.println("scan start");

    // WiFi.scanNetworks will return the number of networks found
    int n = WiFi.scanNetworks();
    Serial.println("scan done");
    if (n == 0)
    {
        Serial.println("no networks found");
    }
    else
```

```
        {
            Serial.print(n);
            Serial.println(" networks found");
            for (int i = 0; i < n; ++i)
                {
                    // Print SSID and RSSI for each network found
                    Serial.print(i + 1);
                    Serial.print(": ");
                    Serial.print(WiFi.SSID(i));
                    Serial.print(" (");
                    Serial.print(WiFi.RSSI(i));
                    Serial.print(")");
                    Serial.println((WiFi.encryptionType(i) == WIFI_AUTH_OPEN)?" ":"*");
                    delay(10);
                }
        }
    Serial.println("");
}




String GetMacAddress() {
    // the MAC address of your WiFi shield
    String Tmp = "" ;
    byte mac[6];

    // print your MAC address:
    WiFi.macAddress(mac);
    for (int i=0; i<6; i++)
        {
            Tmp.concat(print2HEX(mac[i])) ;
        }
    Tmp.toUpperCase() ;
    return Tmp ;
}
String   print2HEX(int number) {
    String ttt ;
    if (number >= 0 && number < 16)
```

```
    {
        ttt = String("0") + String(number,HEX);
    }
    else
    {
        ttt = String(number,HEX);
    }
    return ttt ;
}

String IpAddress2String(const IPAddress& ipAddress)
{
    return String(ipAddress[0]) + String(".") +\
    String(ipAddress[1]) + String(".") +\
    String(ipAddress[2]) + String(".") +\
    String(ipAddress[3])   ;
}




String chrtoString(char *p)
{
        String tmp ;
        char c ;
        int count = 0 ;
        while (count <100)
        {
            c= *p ;
            if (c != 0x00)
                {
                    tmp.concat(String(c)) ;
                }
                else
                {
                        return tmp ;
                }
            count++ ;
            p++;
```

```
            }
    }


void CopyString2Char(String ss, char *p)
{
            //    sprintf(p,"%s",ss) ;

    if (ss.length() <=0)
        {
                *p =   0x00 ;
            return ;
        }
        ss.toCharArray(p, ss.length()+1) ;
    // *(p+ss.length()+1) = 0x00 ;
}

boolean CharCompare(char *p, char *q)
    {
        boolean flag = false ;
        int count = 0 ;
        int nomatch = 0 ;
        while (flag <100)
        {
            if (*(p+count) == 0x00 or *(q+count) == 0x00)
                break ;
            if (*(p+count) != *(q+count) )
                {
                    nomatch ++ ;
                }
                count++ ;
        }
        if (nomatch >0)
        {
            return false ;
        }
        else
        {
```

```
            return true ;
        }


    }


void fillCID(String mm)
{
    // generate a random clientid based MAC
    //compose clientid with "tw"+MAC
    clintid[0]= 'p' ;
    clintid[1]= 'q' ;
        mm.toCharArray(&clintid[2],mm.length()+1) ;
        clintid[2+mm.length()+1] = '\n' ;


}
String CreateJsonData2(String Mac,String IPStr,double sp, int way, double t,double h )
{
    String tmp = "{" ;
    //--------------

    tmp.concat("\"MAC\": ") ;
    tmp.concat("\"") ;
    tmp.concat(Mac) ;
    tmp.concat("\",") ;
    //--------------
    tmp.concat("\"IP\": ") ;
    tmp.concat("\"") ;
    tmp.concat(IPStr) ;
    tmp.concat("\",") ;
       //--------------
    tmp.concat("\"WindSpeed\": ") ;
    tmp.concat("\"") ;
    tmp.concat(String(sp)) ;
    tmp.concat("\",") ;
```

```
        //--------------
        tmp.concat("\"WindDirection\": ") ;
        tmp.concat("\"") ;
        tmp.concat(String(way)) ;
        tmp.concat("\",") ;
        //--------------
        tmp.concat("\"Temperature\": ") ;
        tmp.concat("\"") ;
        tmp.concat(String(t)) ;
        tmp.concat("\",") ;
        //--------------
        tmp.concat("\"Humidity\": ") ;
        tmp.concat("\"") ;
        tmp.concat(String(h)) ;
        tmp.concat("\" ") ;
         //--------------
        tmp.concat("}") ;
        //--------------
      Serial.println(tmp) ;
      return tmp ;
   }

void CreateJsonData(String Mac,String IPStr,double sp, int way, double t,double h )
{

        doc["MAC"].set(Mac);
      doc["IP"].set(IPStr);
      doc["WindSpeed"].set(String(sp));
      doc["WindDirection"].set(String(way));
      doc["Temperature"].set(String(t));
      doc["Humidity"].set(String(h));


        }
```

程式碼：https://github.com/brucetsao/eWind/tree/master/Codes

表 27 透過 WIFI 模組傳送感測資料程式二

透過 WIFI 模組傳送感測資料程式(arduino_secrets.h)

```
#include <String.h>
#define PowerLed 4
#define AccessLED 0
#define RXD2 16
#define TXD2 17
String Apname;


char Oledchar[30] ;
//char* AP2 = "Brucetsao" ;
//char* PW2 = "12345678";

char* AP3 = "NCNUIOT" ;
char* PW3 = "12345678";
char* AP2 = "lib-tree" ;
char* PW2 = "wtes26201959";
char* AP1 = "Wtes-Aruba" ;
char* PW1 = "26201959";

#define maxfeekbacktime 5000
#define    WaitingTimetoReboot 15000


char cmd ;
```

程式碼：https://github.com/brucetsao/eWind/tree/master/Codes

表 28 透過 WIFI 模組傳送感測資料程式三

透過 WIFI 模組傳送感測資料程式(crc16.h)

```
static const unsigned int wCRCTable[] = {
    0X0000, 0XC0C1, 0XC181, 0X0140, 0XC301, 0X03C0, 0X0280, 0XC241,
    0XC601, 0X06C0, 0X0780, 0XC741, 0X0500, 0XC5C1, 0XC481, 0X0440,
```

```
    0XCC01, 0X0CC0, 0X0D80, 0XCD41, 0X0F00, 0XCFC1, 0XCE81, 0X0E40,
    0X0A00, 0XCAC1, 0XCB81, 0X0B40, 0XC901, 0X09C0, 0X0880, 0XC841,
    0XD801, 0X18C0, 0X1980, 0XD941, 0X1B00, 0XDBC1, 0XDA81, 0X1A40,
    0X1E00, 0XDEC1, 0XDF81, 0X1F40, 0XDD01, 0X1DC0, 0X1C80, 0XDC41,
    0X1400, 0XD4C1, 0XD581, 0X1540, 0XD701, 0X17C0, 0X1680, 0XD641,
    0XD201, 0X12C0, 0X1380, 0XD341, 0X1100, 0XD1C1, 0XD081, 0X1040,
    0XF001, 0X30C0, 0X3180, 0XF141, 0X3300, 0XF3C1, 0XF281, 0X3240,
    0X3600, 0XF6C1, 0XF781, 0X3740, 0XF501, 0X35C0, 0X3480, 0XF441,
    0X3C00, 0XFCC1, 0XFD81, 0X3D40, 0XFF01, 0X3FC0, 0X3E80, 0XFE41,
    0XFA01, 0X3AC0, 0X3B80, 0XFB41, 0X3900, 0XF9C1, 0XF881, 0X3840,
    0X2800, 0XE8C1, 0XE981, 0X2940, 0XEB01, 0X2BC0, 0X2A80, 0XEA41,
    0XEE01, 0X2EC0, 0X2F80, 0XEF41, 0X2D00, 0XEDC1, 0XEC81, 0X2C40,
    0XE401, 0X24C0, 0X2580, 0XE541, 0X2700, 0XE7C1, 0XE681, 0X2640,
    0X2200, 0XE2C1, 0XE381, 0X2340, 0XE101, 0X21C0, 0X2080, 0XE041,
    0XA001, 0X60C0, 0X6180, 0XA141, 0X6300, 0XA3C1, 0XA281, 0X6240,
    0X6600, 0XA6C1, 0XA781, 0X6740, 0XA501, 0X65C0, 0X6480, 0XA441,
    0X6C00, 0XACC1, 0XAD81, 0X6D40, 0XAF01, 0X6FC0, 0X6E80, 0XAE41,
    0XAA01, 0X6AC0, 0X6B80, 0XAB41, 0X6900, 0XA9C1, 0XA881, 0X6840,
    0X7800, 0XB8C1, 0XB981, 0X7940, 0XBB01, 0X7BC0, 0X7A80, 0XBA41,
    0XBE01, 0X7EC0, 0X7F80, 0XBF41, 0X7D00, 0XBDC1, 0XBC81, 0X7C40,
    0XB401, 0X74C0, 0X7580, 0XB541, 0X7700, 0XB7C1, 0XB681, 0X7640,
    0X7200, 0XB2C1, 0XB381, 0X7340, 0XB101, 0X71C0, 0X7080, 0XB041,
    0X5000, 0X90C1, 0X9181, 0X5140, 0X9301, 0X53C0, 0X5280, 0X9241,
    0X9601, 0X56C0, 0X5780, 0X9741, 0X5500, 0X95C1, 0X9481, 0X5440,
    0X9C01, 0X5CC0, 0X5D80, 0X9D41, 0X5F00, 0X9FC1, 0X9E81, 0X5E40,
    0X5A00, 0X9AC1, 0X9B81, 0X5B40, 0X9901, 0X59C0, 0X5880, 0X9841,
    0X8801, 0X48C0, 0X4980, 0X8941, 0X4B00, 0X8BC1, 0X8A81, 0X4A40,
    0X4E00, 0X8EC1, 0X8F81, 0X4F40, 0X8D01, 0X4DC0, 0X4C80, 0X8C41,
    0X4400, 0X84C1, 0X8581, 0X4540, 0X8701, 0X47C0, 0X4680, 0X8641,
    0X8201, 0X42C0, 0X4380, 0X8341, 0X4100, 0X81C1, 0X8081, 0X4040 };

unsigned int    ModbusCRC16 (byte *nData, int wLength)
{


    byte nTemp;
    unsigned int wCRCWord = 0xFFFF;


    while (wLength--)
```

```
        {
            nTemp = *nData++ ^ wCRCWord;
            wCRCWord >>= 8;
            wCRCWord    ^= wCRCTable[nTemp];
        }
    return wCRCWord;
} // End: CRC16


boolean CompareCRC16(unsigned int stdvalue, uint8_t Li, uint8_t Lo)
{

        if (stdvalue == Li*256+Lo)
        {
            return true ;
        }
        else
          {
            return false ;
        }
    }
```

程式碼:https://github.com/brucetsao/eWind/tree/master/Codes

傳送感測資料程式解說

如表 26 透過 WIFI 模組傳送感測資料程式所示,我們如下表所示:

```
char iotserver[] = "ncnu.arduino.org.tw";        // name address for Google (us-
ing DNS)
int iotport = 9999 ;
```

我們使用網址:ncnu.arduino.org.tw,通訊埠:9999 的網站主機,當作雲端平台。

如表 26 透過 WIFI 模組傳送感測資料程式所示,我們如下表所示:

```
String strGet="GET /wind/windadd.php";
```

```
String strHttp=" HTTP/1.1";
String strHost="Host: ncnu.arduino.org.tw";    //OK
```

　　我們使用網址：ncnu.arduino.org.tw/wind/windadd.php，的程式，當作整個裝置端的介面程式。

　　如表 26 透過 WIFI 模組傳送感測資料程式所示，我們如下表所示：

```
http://ncnu.arduino.org.tw:9999/wind/win-
dadd.php?mac=246F289E432C&ip=192.168.1.102&speed=0.00&way=0&tem
p=0.00&humid=0.00
```

　　我們使用 Http Get 的的方式，使用

http://ncnu.arduino.org.tw:9999/wind/win-

dadd.php?mac=246F289E432C&ip=192.168.1.102&speed=0.00&way=0&temp=0.00&hu-

mid=0.00，的格式，來傳送風向、風速、溫度與溼度等資料，將上面資料連同裝

置相關資訊一銅傳送給雲端平台。

　　如表 26 透過 WIFI 模組傳送感測資料程式所示，我們如下表所示：

```
http://ncnu.arduino.org.tw:9999/wind/win-
dadd.php?mac=246F289E432C&ip=192.168.1.102&speed=0.00&way=0&tem
p=0.00&humid=0.00
```

　　我們使用 Http Get 的的方式，**使用 http://ncnu.arduino.org.tw:9999/wind/win-
dadd.php?mac=裝置的網路卡號碼&ip=裝置的 IP 網路位址&speed=風速(單位每秒幾
公里)&way=風向角度&temp=溫度(攝氏單位)&humid=濕度(百分比)，的格式**，來傳
送風向、風速、溫度與溼度等資料，將上面資料連同裝置相關資訊一銅傳送給雲端
平台。

　　如表 26 透過 WIFI 模組傳送感測資料程式所示，我們如下表所示：

```
connectstr = "" ;
```

```
//http://ncnu.arduino.org.tw:9999/wind/win-
dadd.php?mac=246F289E432C&ip=192.168.1.102&speed=0.00&way=0&tem
p=0.00&humid=0.00

 connectstr = "?mac=" + MacData+"&ip="+IpAddress2String(ip)+"&speed="+
String(Windspeed)+"&way="+ Windangle+"&temp="+ String(Temp)+"&hu-
mid="+ String(Humid);
                Serial.println(connectstr) ;
                if (client.connect(iotserver, iotport))
                  {
                        ShowString("Send Data to DB") ;
                        Serial.println("Make a HTTP request ... ");
                        //### Send to Server
                        String strHttpGet = strGet + connectstr + strHttp;
                        Serial.println(strHttpGet);

                        client.println(strHttpGet);
                        Serial.println(strHost);
                        client.println(strHost);
                         client.println("Connection: close");
                        client.println();
                  }
```

我們使用上述程式，連接網址：broker.shiftr.io，的 MQTT 伺服器。

我們透過字串組立：connectstr = "?mac=" + MacData+"&ip="+IpAd-
dress2String(ip)+"&speed="+ String(Windspeed)+"&way="+ Windangle+"&temp="+
String(Temp)+"&humid="+ String(Humid);

資料格式如下：

- mac=" + MacData(網路卡編號)
- ip="+IpAddress2String(ip)(IP 位址)
- speed="+ String(Windspeed)(風速：m/sec)
- way="+ Windangle(風向：角度)
- temp="+ String(Temp)(溫度：攝氏)
- humid="+ String(Humid)(濕度：百分比)

動態顯示

由於吳厝國小 校長黃朝恭 先生建議，希望可以不透過手機、平板、電腦等資訊方式，獨立顯示氣象資訊，並可以多處共享顯示，於是筆者使用美商律美股份有限公司[8]台灣分公司(Lumex Inc. Taiwan Branch)，公司網站：https://www.lumex.com/，發展了 EZDISPLAY 的產品系列(網址：https://www.lumex.com/ezDisplay.html)，這個系列產品包含有 OLED module, Dot matrix LED Display, Bi-Stable Display and Monochrome LCM 等等，並且在 Dot matrix LED Display 產品系列中，更可以透過階層式控制模組(參考：https://www.lumex.com/ldm-768-1lt-x4)，來達到大型顯示幕的需求(曹永忠, 吳欣蓉, & 陳建宇, 2018a, 2018b, 2018c, 2019a, 2019b)。

所以筆者是用筆者使用美商律美股份有限公司台灣分公司(Lumex Inc. Taiwan Branch) 的 EZDISPLAY 的產品系列：LDM-6432-P4-USB2-1，產品網址：https://www.lcd-components.com.tw/product.php?lang=tw&tb=2&cid=40。

這個產品是透過 TTL(UART)，透過傳送 AT Command 方式，顯示文字、圖片等資訊，讀者有興趣，可以參考筆者拙作：直譯式顯示技術應用(Lumex EZDisplay):Design a Snake Game by Using Lumex EZDisplay (Industry 4.0 Series)(曹永忠, 吳欣蓉, et al., 2019a, 2019b)，可以進一步了解更深的原理與操作。

---

[8] 美商律美股份有限公司台灣分公司，地址： 310 新竹縣竹東鎮中興路四段 972 號，電話：03-582-1124，網址：https://www.lumex.com/

圖 82 獨立動態顯示裝置

獨立動態顯示裝置電路設計

筆者是用筆者使用美商律美股份有限公司台灣分公司(Lumex Inc. Taiwan

Branch)的 EZDISPLAY 的產品系列：LDM-6432-P4-USB2-1，產品網址：

https://www.lcd-components.com.tw/product.php?lang=tw&tb=2&cid=40，加上 NodeMCU-

32S Lua WiFi 物聯網開發板，透過下圖所示之電路圖，建立一個透過 MQTT Broker

方式，接收筆者開發之氣象物聯網裝置，將讀取風向感測、風速感測、溫溼度感測

器等模組感測值送到 MQTT Broker。

　　筆者設計之獨立動態顯示裝置，再透過訂閱相同的 MQTT Broker 與相同的

TOPIC，得到風向感測、風速感測、溫溼度感測器等模組感測值，在立即動態顯示

於獨立動態顯示裝置。

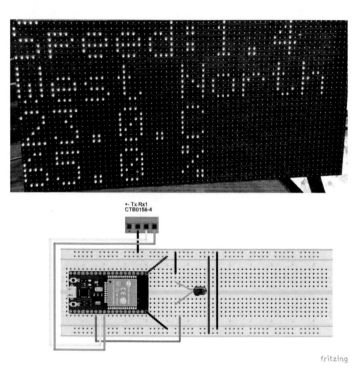

圖 83 獨立動態顯示裝置

　　下圖所示為組立之電路板：

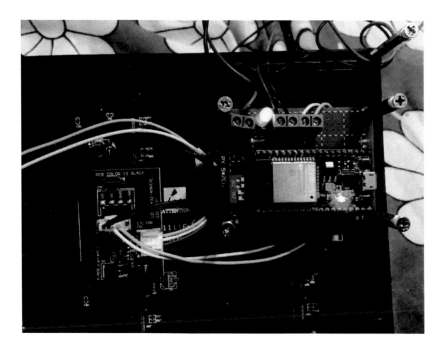

圖 84 組立之電路板

下圖所示為顯示板背面電路板：

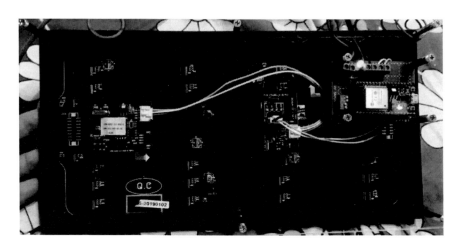

圖 85 顯示板背面電路板

獨立動態顯示裝置程式設計

我們將 NodeMCU-32S Lua WiFi 物聯網開發板的驅動程式安裝好之後，我們打開 Arduino 開發板的開發工具：Sketch IDE 整合開發軟體(軟體下載請到：https://www.arduino.cc/en/Main/Software)，攜寫一段程式，如下表所示之透過 WIFI 模組傳送感測資料程式，透過 NodeMCU-32S Lua WiFi 物聯網開發板，將顯示讀取風向感測、風速感測、溫溼度感測器等模組感測值之獨立動態顯示裝置程式，燒錄於上：

表 29 獨立動態顯示裝置程式

獨立動態顯示裝置程式(Newwind_DisplayV20201202)
| ```
#include "arduino_secrets.h"
#include "lumex.h"
#include "MQTTLib.h"


#include <AutoConnect.h>
#include <WiFi.h>
#include <WiFiMulti.h>

#include <PubSubClient.h>



WiFiMulti wifiMulti;

WiFiClient mqclient;
PubSubClient mqttclient(mqclient) ;



//-----------------------



//char ssid[] = SECRET_SSID;          // your network SSID (name)
``` |

- 132 -
```

```cpp
//char pass[] = SECRET_PASS;        // your network password (use for WPA,
or use as key for WEP)
int keyIndex = 0;                   // your network key Index number (needed
only for WEP)
               // your network key Index number (needed only for WEP)

   IPAddress ip ;
   long rssi ;

int status = WL_IDLE_STATUS;

String MacData ;
String IPData;
String IPData2;


//    control parameter
boolean systemstatus = false ;
boolean Reading = false ;
boolean Readok = false ;
// int trycount = 0 ;
int wifierror = 0 ;
boolean btnflag = false ;
//---------------

String WindWay[] = {"北風","東北風","東風","東南風","南風","西南風","西風","
西北風" } ;
//String WindEWay[] = {"North","East North","East","East
South","South","West South","West","West North" } ;
int Winddir=0 ;
int Windangle=0 ;
String WinddirName =WindWay[Winddir]   ;
double Windspeed =0,   Temp=0, Humid =0 ;
//---------------
#include <ArduinoJson.h>


char clintid[20];
const int capacity = JSON_OBJECT_SIZE(6);
```

```cpp
 StaticJsonDocument<512> doc;
char JSONmessageBuffer[300];
String payloadStr ;
     //-----------------
void setup()
{
    // mqttclient.begin("broker.shiftr.io", mqclient);
 // mqttclient.onMessage(messageReceived);
//   mqttclient.onMessage(messageReceived);

   initall() ;

   WiFi.disconnect(true);
   WiFi.setSleep(false);



    wifiMulti.addAP(AP1, PW1);
    wifiMulti.addAP(AP2, PW2);
    wifiMulti.addAP(AP3, PW3);

    Serial.println("Connecting Wifi...");
    if(wifiMulti.run() == WL_CONNECTED)
    {
        Apname = WiFi.SSID();
        ip = WiFi.localIP();
        Serial.println("");
        Serial.print("Successful Connectting to Access Point:");
        Serial.println(WiFi.SSID());
        Serial.print("\n");

        Serial.println("WiFi connected");
        Serial.println("IP address: ");
        Serial.println(ip);
         //ShowAP() ;

    }

  MacData = GetMacAddress() ;
```

```
        IPData = IpAddress2String(ip) ;
        IPData2 = LocalIpAddress2String(ip) ;
        ShowInternet() ;
        mqttclient.setServer("broker.shiftr.io", 1883);
        mqttclient.setCallback(callback);

        fillCID(MacData); // generate a random clientid based MAC
        Serial.print("MQTT ClientID is :(") ;
        Serial.print(clintid) ;
        Serial.print(")\n") ;

        connectMQTT();
        ClearScreen() ;
        ShowInternet() ;
        delay(5000);
        Serial.println("System   Ready");
           ClearScreen() ;
           SendImage(schoolname) ;
           delay(3000);
            SendImage(sitetitle) ;


        }


void loop() {

        /*
          if (WiFi.status() == WL_IDLE_STATUS)
          {

              #if defined(ARDUINO_ARCH_ESP8266)
                  Serial.println("No Wifi and Rebooting") ;
                  ESP.reset();
              #elif defined(ARDUINO_ARCH_ESP32)
                  Serial.println("No Wifi and Rebooting") ;
                  ESP.restart();
              #endif
                  delay(1000);
          }
```

```
    */
//   mqttclient.loop();
//   mqttclient.publish("/NCNU/Wind/", "world");
     if (!mqttclient.connected())
     {
         Serial.println("connectMQTT   again");
         connectMQTT();
     }

     mqttclient.loop();
     delay(10000);
}


void printWiFiStatus() {
   //Apname = WiFi.SSID();
   // print the SSID of the network you're attached to:
   Serial.print("SSID: ");
   Serial.println(Apname);

   // print your WiFi shield's IP address:
  // ip = WiFi.localIP();
   Serial.print("IP Address: ");
   Serial.println(ip);

   // print the received signal strength:
   long rssi = WiFi.RSSI();
   Serial.print("signal strength (RSSI):");
   Serial.print(rssi);
   Serial.println(" dBm");
   // print where to go in a browser:
   Serial.print("To see this page in action, open a browser to http://");
   Serial.println(ip);
}

//---------Speed----------

void initall()
{
```

```cpp
    Serial.begin(9600);          // initialize serial communication
    myHardwareSerial.begin(115200, SERIAL_8N1, RXD2, TXD2);
    Serial.println("System Start ") ;


}



//------------------
void ShowInternet()
{

        SendMessage(0,0,MacData) ;
        SendMessage(1,0,"AP:"+Apname) ;
        SendMessage(2,0,IPData2) ;


}

void ShowAP()
{

  // lcd.setCursor(12,0);
  //   lcd.print("/");
  //   lcd.print(Apname);


}
void ClearShow()
{
  //    lcd.setCursor(0,0);
  //    lcd.clear() ;
  //    lcd.setCursor(0,0);
}

void ShowMAC()
{
  // lcd.setCursor(0,0);
  //   lcd.print("                    ");
  //   lcd.setCursor(0,0);
  //   lcd.print(MacData);


}
```

```
void ShowIP()
{
//   lcd.setCursor(0,1);
//   lcd.print("                    ");
//   lcd.setCursor(0,1);
//   lcd.print("IP:");
//   lcd.print(ip);


}



void ShowString(String ss)
{
//   lcd.setCursor(0,3);
//   lcd.print("                    ");
//   lcd.setCursor(0,3);
//   lcd.print(ss.substring(0,19));
  //delay(1000);
}

String SPACE(int sp)
{
    String tmp = "" ;
    for (int i = 0 ; i < sp; i++)
      {
           tmp.concat(' ')   ;
      }
    return tmp ;
}


String strzero(long num, int len, int base)
{
  String retstring = String("");
  int ln = 1 ;
    int i = 0 ;
    char tmp[10] ;
```

```
    long tmpnum = num ;
    int tmpchr = 0 ;
    char hexcode[]={'0','1','2','3','4','5','6','7','8','9','A','B','C','D','E','F'} ;
    while (ln <= len)
    {
        tmpchr = (int)(tmpnum % base) ;
        tmp[ln-1] = hexcode[tmpchr] ;
        ln++ ;
         tmpnum = (long)(tmpnum/base) ;



    }
    for (i = len-1; i >= 0 ; i --)
       {
            retstring.concat(tmp[i]);
       }

  return retstring;
}

unsigned long unstrzero(String hexstr, int base)
{
  String chkstring   ;
  int len = hexstr.length() ;

    unsigned int i = 0 ;
    unsigned int tmp = 0 ;
    unsigned int tmp1 = 0 ;
    unsigned long tmpnum = 0 ;
    String hexcode = String("0123456789ABCDEF") ;
    for (i = 0 ; i < (len ) ; i++)
       {
//        chkstring= hexstr.substring(i,i) ;
        hexstr.toUpperCase() ;
             tmp = hexstr.charAt(i) ;     // give i th char and return this char
             tmp1 = hexcode.indexOf(tmp) ;
        tmpnum = tmpnum + tmp1* POW(base,(len -i -1) )   ;
```

```
      }
   return tmpnum;
}


long POW(long num, int expo)
{
   long tmp =1 ;
   if (expo > 0)
   {
         for(int i = 0 ; i< expo ; i++)
            tmp = tmp * num ;
            return tmp ;
   }
   else
   {
    return tmp ;
   }
}



 void connectMQTT()
 {
   Serial.print("MQTT ClientID is :(") ;
   Serial.print(clintid) ;
   Serial.print(")\n") ;
   long strtime = millis() ;
   while (!mqttclient.connect(clintid, "try", "try")) {
//   while (!mqttclient.connect(clintid)) {
     Serial.print("-");
     delay(1000);
     if ((millis()-strtime )>WaitingTimetoReboot )
       {
               Serial.println("No Wifi and Rebooting") ;
               SendMessage(3,0,"Rebooting.") ;
               ESP.restart();
       }
   }
     Serial.print("\n");
```

```cpp
    mqttclient.subscribe(SubTopic);
    Serial.println("\n MQTT connected!");


    // client.unsubscribe("/hello");
}


void callback(char* topic, byte* payload, unsigned int length) {
    Serial.print("Message arrived [");
    Serial.print(topic);
    Serial.print("] \n");
     deserializeJson(doc, payload, length);
    JsonObject documentRoot = doc.as<JsonObject>();


    Serial.print("MAC:") ;
    const char* a1 = documentRoot.getMember("MAC") ;
    //讀取網路卡編號
    Serial.println(a1);
    //--------------------


    Serial.print("IP:");
    const char* a2 = documentRoot.getMember("IP") ;
    //讀取 IP 網址
    Serial.println(a2);
    //--------------------
    Serial.print("WindSpeed:");
    const char* a3 = documentRoot.getMember("WindSpeed") ;
       //讀取風速
    //SendMessage(0,0,a3) ;
    Serial.println(a3);
    //--------------------
    Serial.print("WindDirection:");
    const char* a4 = documentRoot.getMember("WindDirection") ;
       //讀取風向
    Serial.println(a4);
    //--------------------
```

```
    Serial.print("Temperature:");
    const char* a5 = documentRoot.getMember("Temperature") ;
      //讀取溫度
    Serial.println(a5);
    //--------------------
    Serial.print("Humidity:");
    const char* a6 = documentRoot.getMember("Humidity") ;
      //讀取濕度
    Serial.println(a6);
    //--------------------
Windspeed = ChartoString(a3).toDouble(); //轉換風速
Winddir = ChartoString(a4).toInt();    //轉換風向
Temp = ChartoString(a5).toDouble();    //轉換溫度
Humid = ChartoString(a6).toDouble(); //轉換溼度

    ClearScreen() ;    //清除獨立動態顯示裝置的畫面。
    SendImage(sitetitle) ;
    delay(1500);
  SendSensortoLumex(Windspeed,Winddir,Temp,Humid);
}


  void listNetworks()
  {
   // scan for nearby networks:
   Serial.println("** Scan Networks **");
     Serial.println("scan start");

     // WiFi.scanNetworks will return the number of networks found
     int n = WiFi.scanNetworks();
     Serial.println("scan done");
     if (n == 0)
     {
         Serial.println("no networks found");
     }
     else
     {
         Serial.print(n);
         Serial.println(" networks found");
```

```
        for (int i = 0; i < n; ++i)
          {
              // Print SSID and RSSI for each network found
              Serial.print(i + 1);
              Serial.print(": ");
              Serial.print(WiFi.SSID(i));
              Serial.print(" (");
              Serial.print(WiFi.RSSI(i));
              Serial.print(")");
              Serial.println((WiFi.encryptionType(i) ==
WIFI_AUTH_OPEN)?" ":"*");
              delay(10);
          }
      }
    Serial.println("");
}



String GetMacAddress() {
  // the MAC address of your WiFi shield
  String Tmp = "" ;
  byte mac[6];

  // print your MAC address:
  WiFi.macAddress(mac);
  for (int i=0; i<6; i++)
    {
          Tmp.concat(print2HEX(mac[i])) ;
    }
    Tmp.toUpperCase() ;
  return Tmp ;
}
String   print2HEX(int number) {
  String ttt ;
  if (number >= 0 && number < 16)
  {
    ttt = String("0") + String(number,HEX);
```

```
    }
    else
    {
        ttt = String(number,HEX);
    }
    return ttt ;
}

String IpAddress2String(const IPAddress& ipAddress)
{
    //return String(ipAddress[0]) + String(".") +\
    String(ipAddress[1]) + String(".") +\
    String(ipAddress[2]) + String(".") +\
    String(ipAddress[3])   ;
    return ipAddress.toString() ;
}

String LocalIpAddress2String(const IPAddress& ipAddress)
{
    //return String(ipAddress[0]) + String(".") +\
    String(ipAddress[1]) + String(".") +\
    String(ipAddress[2]) + String(".") +\
    String(ipAddress[3])   ;
    return String(String(ipAddress[2]) + String(".") +\
    String(ipAddress[3]))   ;
}




String chrtoString(char *p)
{
    String tmp ;
    char c ;
    int count = 0 ;
    while (count <100)
    {
        c= *p ;
        if (c != 0x00)
```

```
            {
              tmp.concat(String(c)) ;
            }
            else
            {
                return tmp ;
            }
        count++ ;
        p++;


    }
}


void CopyString2Char(String ss, char *p)
{
        //   sprintf(p,"%s",ss) ;

    if (ss.length() <=0)
        {
             *p =   0x00 ;
            return ;
        }
      ss.toCharArray(p, ss.length()+1) ;
    // *(p+ss.length()+1) = 0x00 ;
}

boolean CharCompare(char *p, char *q)
   {
        boolean flag = false ;
        int count = 0 ;
        int nomatch = 0 ;
        while (flag <100)
        {
            if (*(p+count) == 0x00 or *(q+count) == 0x00)
                break ;
            if (*(p+count) != *(q+count) )
                {
                    nomatch ++ ;
```

```
                    }
                count++ ;
            }
        if (nomatch >0)
        {
            return false ;
        }
        else
        {
            return true ;
        }


    }




void fillCID(String mm)
{
    // generate a random clientid based MAC
    //compose clientid with "tw"+MAC
    clintid[0]= 't' ;
    clintid[1]= 'w' ;
        mm.toCharArray(&clintid[2],mm.length()+1) ;
      clintid[2+mm.length()+1] = '\n' ;

}
String CreateJsonData2(String Mac,String IPStr,double sp, int way, double
t,double h )
{
    String tmp = "{" ;
    //---------------

    tmp.concat("\"MAC\": ") ;
    tmp.concat("\"") ;
    tmp.concat(Mac) ;
    tmp.concat("\",") ;
```

```cpp
        //--------------
        tmp.concat("\"IP\": ") ;
        tmp.concat("\"") ;
        tmp.concat(IPStr) ;
        tmp.concat("\",") ;
          //--------------
        tmp.concat("\"WindSpeed\": ") ;
        tmp.concat("\"") ;
        tmp.concat(String(sp)) ;
        tmp.concat("\",") ;
        //--------------
        tmp.concat("\"WindDirection\": ") ;
        tmp.concat("\"") ;
        tmp.concat(String(way)) ;
        tmp.concat("\",") ;
        //--------------
        tmp.concat("\"Temperature\": ") ;
        tmp.concat("\"") ;
        tmp.concat(String(t)) ;
        tmp.concat("\",") ;
        //--------------
        tmp.concat("\"Humidity\": ") ;
        tmp.concat("\"") ;
        tmp.concat(String(h)) ;
        tmp.concat("\" ") ;
          //--------------
        tmp.concat("}") ;
        //--------------
      Serial.println(tmp) ;
       return tmp ;
    }

void CreateJsonData(String Mac,String IPStr,double sp, int way, double
t,double h )
{

      doc["MAC"].set(Mac);
      doc["IP"].set(IPStr);
      doc["WindSpeed"].set(String(sp));
```

```
    doc["WindDirection"].set(String(way));
    doc["Temperature"].set(String(t));
    doc["Humidity"].set(String(h));


}
```

程式碼：https://github.com/brucetsao/eWind/tree/master/Codes

表 30 獨立動態顯示裝置程式二

獨立動態顯示裝置程式(arduino_secrets.h)

#include <String.h>
HardwareSerial myHardwareSerial(2); //ESP32 可宣告需要一個硬體序列，
軟體序列會出錯
 	
#define RXD2 16
#define TXD2 17
String Apname;
 	
String myServer = "ncnu.arduino.org.tw" ;
char Oledchar[30] ;
//char* AP2 = "Brucetsao" ;
//char* PW2 = "12345678";
 	
char* AP3 = "NCNUIOT" ;
char* PW3 = "12345678";
char* AP2 = "lib-tree" ;
char* PW2 = "wtes26201959";
char* AP1 = "Wtes-Aruba" ;
char* PW1 = "26201959";
 	
#define   WaitingTimetoReboot 15000
#define maxfeekbacktime 5000
 	
char cmd ;
 	
String ChartoString(const char* cc)

```
{
    int count= 0 ;
    String tmp ;
    while (cc[count] != 0x00)
      {
         tmp.concat(cc[count]) ;
         count++ ;
      }
    return tmp ;
}
```

程式碼：https://github.com/brucetsao/eWind/tree/master/Codes

表 31 獨立動態顯示裝置程式三

獨立動態顯示裝置程式三(MQTTLib.h)
#define SubTopic   "/NCNU/Wind/246F289E432C" //#   246F289E432C

表 32 獨立動態顯示裝置程式四

獨立動態顯示裝置程式四(Lumex.h)
String WindEWay[] = {"North","East North","East","East South","South","West South","West","West North" } ; byte schoolname[2048] = { 0x00,0x00,0x00,0x00,0x00,0x00,0x00,0x00,0x00,0x00,0x00,0x00,0x00,0x00, 0x00,0x00,0x00,0x00,0x00,0x00,0x00,0x00,0x00,0x00,0x00,0x00,0x00,0x00, 0x00,0x00,0x00,0x00,0x00,0x00,0x00,0x00,0x00,0x00,0x00,0x00,0x00,0x00, 0x00,0x00,0x00,0x00,0x00,0x00,0x00,0x00,0x00,0x00,0x00,0x00,0x00,0x00, 0x00,0x00,0x00,0x00,0x00,0x00,0x00,0x00,0x00,0x00,0x00,0x00,0x00,0x00, 0x00,0x00,0x00,0x00,0x00,0x00,0x00,0x00,0x00,0x00,0x00,0x00,0x00,0x00, 0x00,0x00,0x00,0x00,0x00,0x00,0x00,0x00,0x00,0x00,0x00,0x00,0x00,0x00, 0x00,0x00,0x00,0x00,0x00,0x00,0x00,0x00,0x00,0x00,0x00,0x00,0x00,0x00,

0x00,0x00,0x00,0x00,0x00,0x00,0x00,0x00,0x00,0x00,0x00,0x00,0x00,0x00,
0x00,0x00,0x00,0x00,0x00,0x00,0x00,0x00,0x00,0x00,0x00,0x00,0x00,0x00,
0x00,0x00,0x00,0x00,0x00,0x00,0x00,0x00,0x00,0x00,0x00,0x00,0x00,0x00,
0x00,0x00,0x00,0x00,0x00,0x00,0x00,0x00,0x00,0x00,0x00,0x00,0x00,0x00,
0x00,0x00,0x00,0x00,0x00,0x00,0x00,0x00,0x00,0x00,0x00,0x00,0x00,0x00,
0x00,0x00,0x00,0x00,0x00,0x00,0x00,0x00,0x00,0x00,0x00,0x00,0x00,0x00,
0x00,0x00,0x00,0x00,0x00,0x00,0x00,0x00,0x00,0x00,0x00,0x00,0x00,0x00,
0x00,0x00,0x00,0x00,0x00,0x00,0x00,0x00,0x00,0x00,0x00,0x00,0x00,0x00,
0x00,0x00,0x00,0x00,0x00,0x00,0x00,0x00,0x00,0x00,0x00,0x00,0x00,0x00,
0x00,0x00,0x00,0x00,0x00,0x00,0x00,0x00,0x00,0x00,0x00,0x00,0x00,0x00,
0x00,0x00,0x00,0x00,0x00,0x00,0x00,0x00,0x00,0x00,0x00,0x00,0x00,0x00,
0x00,0x00,0x00,0x00,0x00,0x00,0x00,0x00,0x00,0x00,0x00,0x00,0x00,0x00,
0x00,0x00,0x00,0x00,0x00,0x00,0x00,0x00,0x00,0x00,0x00,0x00,0x00,0x00,
0x00,0x00,0x00,0x00,0x00,0x00,0x00,0x00,0x00,0x00,0x00,0x00,0x00,0x00,
0x00,0x00,0x00,0x00,0x00,0x00,0x00,0x00,0x00,0x00,0x00,0x00,0x00,0x00,
0x00,0x00,0x00,0x00,0x00,0x00,0x00,0x00,0x00,0x00,0x00,0x00,0x00,0x00,
0x00,0x00,0x00,0x00,0x00,0x00,0x00,0x00,0x00,0x00,0x00,0x00,0x00,0x00,
0x00,0x00,0x00,0x00,0x00,0x00,0x00,0x00,0x00,0x00,0x00,0x00,0x00,0x00,
0x00,0x00,0x00,0x00,0x00,0x00,0x00,0x00,0x00,0x00,0x00,0x00,0x00,0x00,
0x00,0x00,0x00,0x00,0x00,0x00,0x00,0x00,0x00,0x00,0x00,0x00,0x00,0x00,
0x00,0x00,0x00,0x00,0x00,0x00,0x00,0x00,0x00,0x00,0x00,0x00,0x00,0x00,
0x00,0x00,0x00,0x00,0x00,0x00,0x00,0x00,0x00,0x00,0x00,0x00,0x00,0x00,
0x00,0x00,0x00,0x00,0x00,0x00,0x00,0x00,0x00,0x00,0x00,0x00,0x00,0x00,
0x00,0x00,0x00,0x00,0x00,0x00,0x00,0x00,0x00,0x00,0x00,0x00,0x00,0x00,
0x00,0x00,0x00,0x00,0x00,0x00,0x00,0x00,0x00,0x00,0x00,0x00,0x00,0x00,
0x00,0x00,0x00,0x00,0x00,0x00,0x00,0x00,0x00,0x00,0x00,0x00,0x00,0x00,
0x00,0x00,0x00,0x00,0x00,0x00,0x00,0x00,0x00,0x00,0x00,0x00,0x00,0x00,
0x00,0x00,0x00,0x00,0x00,0x00,0x00,0x00,0x00,0x0C,0x00,0x00,0x0C,0x0C
,0x0C,0x0C,0x0C,0x0C,0x0C,0x0C,0x00,0x00,0x00,0x00,0x00,0x0C,0x0C,0x
0C,0x0C,0x0C,0x0C,0x0C,0x0C,0x0C,0x0C,0x0C,0x0C,0x0C,0x00,0x00,0x0
C,0x0C,0x0C,0x0C,0x0C,0x0C,0x0C,0x0C,0x0C,0x0C,0x0C,0x0C,0x0C,0x0
C,0x00,0x00,0x00,0x00,0x00,0x00,0x00,0x00,0x0C,0x0C,0x00,0x00,0x00,0x
00,0x00,0x00,0x00,0x00,0x00,0x0C,0x00,0x00,0x0C,0x00,0x00,0x00,0x00,0
x00,0x00,0x0C,0x00,0x00,0x00,0x00,0x00,0x0C,0x0C,0x00,0x00,0x00,0x00,
0x00,0x00,0x00,0x00,0x00,0x00,0x00,0x00,0x00,0x0C,0x0C,0x00,0x00,0x00
,0x00,0x00,0x0C,0x0C,0x0C,0x0C,0x00,0x0C,0x0C,0x00,0x00,0x00,0x00,0x
00,0x00,0x00,0x00,0x0C,0x0C,0x00,0x00,0x00,0x00,0x00,0x00,0x00,0x00,0
x00,0x0C,0x00,0x00,0x0C,0x00,0x00,0x00,0x00,0x00,0x00,0x0C,0x00,0x00,

0x00,0x00,0x00,0x0C,0x0C,0x00,0x00,0x00,0x0C,0x00,0x00,0x00,0x0C,0x0
0,0x00,0x00,0x00,0x00,0x0C,0x0C,0x00,0x00,0x00,0x00,0x00,0x0C,0x0C,0x
0C,0x0C,0x00,0x0C,0x0C,0x00,0x00,0x00,0x00,0x00,0x00,0x00,0x00,0x0C,
0x0C,0x00,0x00,0x00,0x00,0x00,0x00,0x00,0x00,0x00,0x0C,0x00,0x00,0x0C
,0x0C,0x0C,0x0C,0x0C,0x0C,0x0C,0x0C,0x00,0x00,0x00,0x00,0x00,0x0C,0x
0C,0x0C,0x0C,0x0C,0x0C,0x0C,0x0C,0x0C,0x0C,0x0C,0x0C,0x0C,0x00,0x0
0,0x0C,0x0C,0x0C,0x0C,0x0C,0x0C,0x0C,0x0C,0x0C,0x0C,0x0C,0x0C,0x0C
,0x0C,0x00,0x00,0x00,0x00,0x0C,0x0C,0x00,0x00,0x0C,0x0C,0x00,0x00,0x0
C,0x0C,0x00,0x00,0x00,0x00,0x00,0x0C,0x00,0x00,0x00,0x00,0x00,0x00,0x
00,0x00,0x00,0x00,0x00,0x00,0x00,0x00,0x00,0x0C,0x0C,0x00,0x00,0x00,0
x0C,0x00,0x00,0x00,0x0C,0x00,0x00,0x00,0x00,0x00,0x0C,0x0C,0x00,0x00,
0x00,0x00,0x00,0x0C,0x0C,0x00,0x00,0x00,0x0C,0x0C,0x00,0x00,0x00,0x0
0,0x0C,0x0C,0x00,0x00,0x0C,0x0C,0x00,0x00,0x0C,0x0C,0x0C,0x00,0x00,0
x00,0x00,0x0C,0x00,0x00,0x00,0x00,0x00,0x00,0x00,0x00,0x00,0x00,0x00,0
x00,0x00,0x00,0x00,0x0C,0x0C,0x00,0x00,0x00,0x0C,0x00,0x00,0x00,0x0C,
0x00,0x00,0x00,0x00,0x00,0x0C,0x0C,0x00,0x0C,0x0C,0x0C,0x0C,0x0C,0x
0C,0x00,0x0C,0x0C,0x0C,0x0C,0x00,0x00,0x00,0x00,0x0C,0x0C,0x00,0x00,
0x0C,0x0C,0x00,0x00,0x00,0x0C,0x0C,0x00,0x00,0x00,0x00,0x0C,0x0C,0x0
C,0x0C,0x0C,0x0C,0x0C,0x0C,0x0C,0x0C,0x0C,0x00,0x00,0x00,0x00,
0x0C,0x0C,0x0C,0x0C,0x0C,0x0C,0x0C,0x0C,0x0C,0x0C,0x0C,0x0C,0x0C,0
x00,0x00,0x0C,0x0C,0x00,0x0C,0x0C,0x0C,0x0C,0x0C,0x0C,0x00,0x0C,0x0
C,0x0C,0x0C,0x00,0x00,0x00,0x0C,0x0C,0x00,0x00,0x00,0x0C,0x0C,0x00,0
x00,0x00,0x0C,0x0C,0x00,0x00,0x00,0x00,0x00,0x00,0x00,0x00,0x00,0x0C,
0x0C,0x00,0x00,0x00,0x00,0x0C,0x00,0x00,0x00,0x00,0x0C,0x0C,0x00,0x0
0,0x00,0x00,0x00,0x00,0x00,0x00,0x00,0x00,0x00,0x00,0x0C,0x0C,0x
00,0x00,0x00,0x00,0x00,0x00,0x0C,0x0C,0x0C,0x00,0x0C,0x0C,0x00,0x00,
0x00,0x0C,0x0C,0x00,0x00,0x00,0x0C,0x0C,0x00,0x00,0x00,0x00,0x0C,0x0
C,0x00,0x00,0x00,0x00,0x00,0x00,0x00,0x00,0x0C,0x0C,0x00,0x00,0x00,0x
00,0x0C,0x00,0x00,0x00,0x00,0x0C,0x0C,0x00,0x0C,0x0C,0x0C,0x0C,0x0C,
0x0C,0x0C,0x0C,0x0C,0x00,0x00,0x00,0x0C,0x0C,0x00,0x00,0x00,0x00,0x0
0,0x00,0x0C,0x0C,0x0C,0x00,0x0C,0x0C,0x00,0x00,0x00,0x0C,0x00,0x00,0
x00,0x00,0x0C,0x0C,0x00,0x00,0x00,0x00,0x0C,0x0C,0x00,0x00,0x0C,0x0C
,0x0C,0x0C,0x0C,0x0C,0x0C,0x0C,0x0C,0x0C,0x0C,0x0C,0x0C,0x0C,0x00,
0x00,0x00,0x0C,0x0C,0x00,0x0C,0x00,0x00,0x00,0x00,0x00,0x00,0x0C,0x0
C,0x00,0x00,0x00,0x0C,0x0C,0x00,0x0C,0x0C,0x0C,0x0C,0x00,0x0C,0x0C,
0x00,0x0C,0x0C,0x0C,0x00,0x00,0x0C,0x0C,0x00,0x00,0x00,0x00,0x0C,0x0
C,0x00,0x00,0x00,0x00,0x0C,0x0C,0x00,0x00,0x00,0x00,0x00,0x00,0x00,0x
00,0x0C,0x0C,0x00,0x00,0x00,0x00,0x00,0x00,0x00,0x00,0x00,0x0C,0x00,0
x00,0x0C,0x0C,0x0C,0x0C,0x0C,0x0C,0x0C,0x0C,0x0C,0x00,0x00,0x00,0x0

- 151 -

C,0x0C,0x0C,0x0C,0x0C,0x0C,0x0C,0x0C,0x0C,0x0C,0x0C,0x0C,0x0C,0x0
C,0x00,0x00,0x0C,0x00,0x00,0x00,0x00,0x00,0x0C,0x0C,0x00,0x00,0x00,0x
00,0x00,0x0C,0x00,0x00,0x00,0x00,0x00,0x00,0x00,0x0C,0x0C,0x00,0x0C,0
x0C,0x0C,0x0C,0x00,0x00,0x00,0x00,0x0C,0x0C,0x00,0x00,0x0C,0x00,0x00
,0x00,0x00,0x00,0x00,0x0C,0x0C,0x00,0x00,0x00,0x0C,0x0C,0x00,0x00,0x0
0,0x00,0x0C,0x0C,0x00,0x0C,0x0C,0x0C,0x0C,0x0C,0x00,0x00,0x00,0x00,0
x00,0x00,0x00,0x00,0x0C,0x0C,0x00,0x00,0x00,0x00,0x00,0x00,0x00,0x00,
0x00,0x00,0x0C,0x0C,0x0C,0x0C,0x00,0x00,0x0C,0x0C,0x0C,0x0C,0x0C,0x
0C,0x00,0x00,0x0C,0x0C,0x00,0x00,0x0C,0x0C,0x0C,0x0C,0x0C,0x0C,0x0
C,0x0C,0x0C,0x00,0x00,0x00,0x0C,0x0C,0x0C,0x0C,0x0C,0x0C,0x0C,0x0C,
0x0C,0x0C,0x0C,0x0C,0x0C,0x0C,0x00,0x00,0x00,0x00,0x00,0x00,0x00,0x0
0,0x0C,0x0C,0x00,0x00,0x00,0x00,0x00,0x00,0x00,0x00,0x0C,0x0C,0x0C,0x
0C,0x0C,0x00,0x00,0x00,0x00,0x00,0x00,0x0C,0x0C,0x0C,0x00,0x00,0x0C,
0x00,0x00,0x00,0x0C,0x00,0x00,0x00,0x00,0x00,0x00,0x0C,0x0C,0x00,0x00
,0x00,0x0C,0x0C,0x00,0x00,0x00,0x00,0x00,0x00,0x00,0x00,0x00,0x00,0x0
C,0x0C,0x00,0x00,0x00,0x00,0x00,0x00,0x0C,0x0C,0x0C,0x0C,0x00,0x00,0
x00,0x00,0x00,0x00,0x00,0x00,0x00,0x00,0x00,0x00,0x00,0x00,0x00,0x00,0
x00,0x00,0x00,0x00,0x00,0x00,0x00,0x00,0x00,0x00,0x00,0x00,0x00,0x00,0
x00,0x00,0x00,0x00,0x00,0x00,0x00,0x00,0x00,0x00,0x00,0x00,0x00,0x00,0
x00,0x00,0x00,0x00,0x00,0x00,0x00,0x00,0x00,0x00,0x00,0x00,0x00,0x00,0
x00,0x00,0x00,0x00,0x00,0x00,0x00,0x00,0x00,0x00,0x00,0x00,0x00,0x00,0
x00,0x00,0x00,0x00,0x00,0x00,0x00,0x00,0x00,0x00,0x00,0x00,0x00,0x00,0
x00,0x00,0x00,0x00,0x00,0x00,0x00,0x00,0x00,0x00,0x00,0x00,0x00,0x00,0
x00,0x00,0x00,0x00,0x00,0x00,0x00,0x00,0x00,0x00,0x00,0x00,0x00,0x00,0
x00,0x00,0x00,0x00,0x00,0x00,0x00,0x00,0x00,0x00,0x00,0x00,0x00,0x00,0
x00,0x00,0x00,0x00,0x00,0x00,0x00,0x00,0x00,0x00,0x00,0x00,0x00,0x00,0
x00,0x00,0x00,0x00,0x00,0x00,0x00,0x00,0x00,0x00,0x00,0x00,0x00,0x00,0
x00,0x00,0x00,0x00,0x00,0x00,0x00,0x00,0x00,0x00,0x00,0x00,0x00,0x00,0
x00,0x00,0x00,0x00,0x00,0x00,0x00,0x00,0x00,0x00,0x00,0x00,0x00,0x00,0
x00,0x00,0x00,0x00,0x00,0x00,0x00,0x00,0x00,0x00,0x00,0x00,0x00,0x00,0
x00,0x00,0x00,0x00,0x00,0x00,0x00,0x00,0x00,0x00,0x00,0x00,0x00,0x00,0
x00,0x00,0x00,0x00,0x00,0x00,0x00,0x00,0x00,0x00,0x00,0x00,0x00,0x00,0
x00,0x00,0x00,0x00,0x00,0x00,0x00,0x00,0x00,0x00,0x00,0x00,0x00,0x00,0
x00,0x00,0x00,0x00,0x00,0x00,0x00,0x00,0x00,0x00,0x00,0x00,0x00,0x00,0
x00,0x00,0x00,0x00,0x00,0x00,0x00,0x00,0x00,0x00,0x00,0x00,0x00,0x00,0

```
x00,0x00,0x00,0x00,0x00,0x00,0x00,0x00,0x00,0x00,0x00,0x00,0x00,0x00,0
x00,0x00,0x00,0x00,0x00,0x00,0x00,0x00,0x00,0x00,0x00,0x00,0x00,0x00,0
x00,0x00,0x00,0x00,0x00,0x00,0x00,0x00,0x00,0x00,0x00,0x00,0x00,0x00,0
x00,0x00,0x00,0x00,0x00,0x00,0x00,0x00,0x00,0x00,0x00,0x00,0x00,0x00,0
x00,0x00,0x00,0x00,0x00,0x00,0x00,0x00,0x00,0x00,0x00,0x00,0x00,0x00,0
x00,0x00,0x00,0x00,0x00,0x00,0x00,0x00,0x00,0x00,0x00,0x00,0x00,0x00,0
x00,0x00,0x00,0x00,0x00,0x00,0x00,0x00,0x00,0x00,0x00,0x00,0x00,0x00,0
x00,0x00,0x00,0x00,0x00,0x00,0x00,0x00,0x00,0x00,0x00,0x00,0x00,0x00,0
x00,0x00,0x00,0x00,0x00,0x00,0x00,0x00,0x00,0x00,0x00,0x00,0x00,0x00,0
x00,0x00,0x00,0x00,0x00,0x00,0x00,0x00,0x00,0x00,0x00,0x00,0x00,0x00,0
x00,0x00,0x00,0x00,0x00,0x00,0x00,0x00,0x00,0x00,0x00,0x00,0x00,0x00,0
x00,0x00,0x00,0x00,0x00,0x00,0x00,0x00,0x00,0x00,0x00,0x00,0x00,0x00,0
x00,0x00,0x00,0x00,0x00,0x00,0x00,0x00,0x00,0x00,0x00,0x00,0x00,0x00,0
x00,0x00,0x00,0x00,0x00,0x00,0x00,0x00,0x00,0x00,0x00,0x00,0x00,0x00,0
x00,0x00,0x00,0x00,0x00,0x00,0x00,0x00,0x00,0x00,0x00,0x00,0x00,0x00,0
x00,0x00,0x00,0x00,0x00,0x00,0x00,0x00,0x00,0x00,0x00,0x00,0x00,0x00,0
x00,0x00,0x00,0x00,0x00,0x00,0x00,0x00,0x00,0x00,0x00,0x00,0x00,0x00,0
x00,0x00,0x00,0x00,0x00,0x00,0x00,0x00,0x00,0x00,0x00,0x00,0x00,0x00,0
x00,0x00,0x00,0x00,0x00,0x00,0x00,0x00,0x00,0x00,0x00,0x00,0x00,0x00,0
x00,0x00,0x00,0x00,0x00,0x00,0x00,0x00,0x00,0x00,0x00,0x00,0x00,0x00,0
x00,0x00,0x00,0x00,0x00,0x00,0x00,0x00,0x00,0x00,0x00,0x00,0x00,0x00,0
x00,0x00,0x00,0x00,0x00,0x00,0x00,0x00,0x00,0x00,0x00,0x00,0x00,0x00,0
x00,0x00 } ;
byte sitetitle[2048] = {
0x00,0x00,0x00,0x00,0x00,0x00,0x00,0x00,0x00,0x00,0x00,0x00,0x00,0x00,
0x00,0x00,0x00,0x00,0x00,0x00,0x00,0x00,0x00,0x00,0x00,0x00,0x00,0x00,
0x00,0x00,0x00,0x00,0x00,0x00,0x00,0x00,0x00,0x00,0x00,0x00,0x00,0x00,
0x00,0x00,0x00,0x00,0x00,0x00,0x00,0x00,0x00,0x00,0x00,0x00,0x00,0x00,
0x00,0x00,0x00,0x00,0x00,0x00,0x00,0x00,0x00,0x00,0x00,0x00,0x00,0x00,
0x00,0x00,0x00,0x00,0x00,0x00,0x00,0x00,0x00,0x00,0x00,0x00,0x00,0x00,
0x00,0x00,0x00,0x00,0x00,0x00,0x00,0x00,0x00,0x00,0x00,0x00,0x00,0x00,
0x00,0x00,0x00,0x00,0x00,0x00,0x00,0x00,0x00,0x00,0x00,0x00,0x00,0x00,
0x00,0x00,0x00,0x00,0x00,0x00,0x00,0x00,0x00,0x00,0x00,0x00,0x00,0x00,
0x00,0x00,0x00,0x00,0x00,0x00,0x00,0x00,0x00,0x00,0x00,0x00,0x00,0x00,
0x00,0x00,0x00,0x00,0x00,0x00,0x00,0x00,0x00,0x00,0x00,0x00,0x00,0x00,
0x00,0x00,0x00,0x00,0x00,0x00,0x00,0x00,0x00,0x00,0x00,0x00,0x00,0x00,
0x00,0x00,0x00,0x00,0x00,0x00,0x00,0x00,0x00,0x00,0x00,0x00,0x00,0x00,
0x00,0x00,0x00,0x00,0x00,0x00,0x00,0x00,0x00,0x00,0x00,0x00,0x00,0x00,
```

```
0x00,0x00,0x00,0x00,0x00,0x00,0x00,0x00,0x00,0x00,0x00,0x00,0x00,0x00,
0x00,0x00,0x00,0x00,0x00,0x00,0x00,0x00,0x00,0x00,0x00,0x00,0x00,0x00,
0x00,0x00,0x00,0x00,0x00,0x00,0x00,0x00,0x00,0x00,0x00,0x00,0x00,0x00,
0x00,0x00,0x00,0x00,0x00,0x00,0x00,0x00,0x00,0x00,0x00,0x00,0x00,0x00,
0x00,0x00,0x00,0x00,0x00,0x00,0x00,0x00,0x00,0x00,0x00,0x00,0x00,0x00,
0x00,0x00,0x00,0x00,0x00,0x00,0x00,0x00,0x00,0x00,0x00,0x00,0x00,0x00,
0x00,0x00,0x00,0x00,0x00,0x00,0x00,0x00,0x00,0x00,0x00,0x00,0x00,0x00,
0x00,0x00,0x00,0x00,0x00,0x00,0x00,0x00,0x00,0x00,0x00,0x00,0x00,0x00,
0x00,0x00,0x00,0x00,0x00,0x00,0x00,0x00,0x00,0x00,0x00,0x00,0x00,0x00,
0x00,0x00,0x00,0x00,0x00,0x00,0x00,0x00,0x00,0x00,0x00,0x00,0x00,0x00,
0x00,0x00,0x00,0x00,0x00,0x00,0x00,0x00,0x00,0x00,0x00,0x00,0x00,0x00,
0x00,0x00,0x00,0x00,0x00,0x00,0x00,0x00,0x00,0x00,0x00,0x00,0x00,0x00,
0x00,0x00,0x00,0x00,0x00,0x00,0x00,0x00,0x00,0x00,0x00,0x00,0x00,0x00,
0x00,0x00,0x00,0x00,0x00,0x00,0x00,0x00,0x00,0x00,0x00,0x00,0x00,0x0C,
0x0C,0x00,0x00,0x00,0x00,0x00,0x00,0x00,0x00,0x00,0x00,0x00,0x00,0x00,
0x00,0x00,0x00,0x00,0x00,0x00,0x00,0x00,0x00,0x00,0x00,0x00,0x00,0x00,
0x00,0x00,0x00,0x00,0x00,0x00,0x00,0x00,0x00,0x00,0x0C,0x0C,0x00,0x00
,0x00,0x00,0x00,0x00,0x0C,0x0C,0x00,0x00,0x00,0x00,0x00,0x00,0x00,0x0
0,0x00,0x00,0x00,0x00,0x00,0x00,0x0C,0x0C,0x0C,0x00,0x00,0x00,0x00,0x
00,0x00,0x00,0x00,0x00,0x00,0x00,0x00,0x00,0x00,0x00,0x00,0x00,0x00,0x
00,0x00,0x0C,0x0C,0x00,0x00,0x00,0x00,0x00,0x00,0x00,0x00,0x00,0x00,0
x00,0x00,0x00,0x00,0x00,0x0C,0x0C,0x00,0x00,0x00,0x00,0x00,0x00,0x0C,
0x0C,0x00,0x00,0x00,0x00,0x00,0x00,0x00,0x00,0x00,0x00,0x00,0x00,0x00,
0x00,0x0C,0x0C,0x0C,0x0C,0x0C,0x0C,0x0C,0x0C,0x0C,0x0C,0x0C,0x0C,0
x0C,0x0C,0x0C,0x00,0x00,0x00,0x00,0x00,0x00,0x00,0x0C,0x0C,0x0C,0x0
C,0x0C,0x0C,0x0C,0x0C,0x0C,0x00,0x00,0x00,0x00,0x00,0x00,0x00,0x00,0
x00,0x00,0x0C,0x0C,0x00,0x00,0x00,0x00,0x00,0x0C,0x0C,0x00,0x00,0x00,
0x00,0x00,0x00,0x00,0x00,0x00,0x00,0x00,0x00,0x00,0x0C,0x0C,0x0C,0x00
,0x00,0x00,0x00,0x00,0x00,0x00,0x00,0x00,0x00,0x00,0x00,0x00,0x00,0x00,
0x00,0x00,0x00,0x0C,0x0C,0x0C,0x00,0x00,0x00,0x00,0x0C,0x0C,0x0C,0x0
C,0x00,0x00,0x00,0x00,0x00,0x00,0x0C,0x0C,0x0C,0x0C,0x0C,0x0C,0x0C,0
x0C,0x0C,0x00,0x00,0x0C,0x0C,0x0C,0x0C,0x0C,0x0C,0x0C,0x00,0x00,0x0
0,0x00,0x00,0x00,0x00,0x0C,0x0C,0x0C,0x0C,0x0C,0x0C,0x0C,0x0C,0x0C,
0x0C,0x0C,0x0C,0x0C,0x0C,0x0C,0x0C,0x00,0x00,0x00,0x00,0x0C,0x0C,0x
0C,0x0C,0x00,0x00,0x00,0x00,0x0C,0x0C,0x0C,0x00,0x00,0x00,0x00,0x00,
0x00,0x00,0x00,0x00,0x0C,0x0C,0x00,0x00,0x00,0x0C,0x0C,0x00,0x00,0x0
0,0x0C,0x0C,0x00,0x00,0x00,0x00,0x00,0x00,0x00,0x00,0x00,0x00,0x00,0x
0C,0x0C,0x0C,0x00,0x00,0x00,0x00,0x00,0x00,0x00,0x00,0x00,0x00,0x00,0
x00,0x00,0x00,0x00,0x00,0x00,0x0C,0x0C,0x0C,0x0C,0x0C,0x0C,0x0C,0x0
```

C,0x0C,0x0C,0x0C,0x0C,0x0C,0x0C,0x0C,0x0C,0x0C,0x00,0x00,0x00,0x00,
0x0C,0x0C,0x00,0x00,0x00,0x0C,0x0C,0x00,0x00,0x00,0x0C,0x0C,0x00,0x0
0,0x00,0x00,0x00,0x00,0x00,0x00,0x00,0x00,0x00,0x0C,0x0C,0x0C,0x0C,0x
0C,0x0C,0x0C,0x0C,0x0C,0x0C,0x0C,0x0C,0x0C,0x0C,0x0C,0x0C,0x00,0x0
0,0x00,0x00,0x00,0x00,0x0C,0x0C,0x00,0x00,0x00,0x00,0x00,0x0C,0x00,0x
00,0x00,0x00,0x00,0x0C,0x0C,0x00,0x00,0x00,0x00,0x0C,0x0C,0x00,0x00,0
x00,0x0C,0x0C,0x00,0x00,0x00,0x0C,0x0C,0x00,0x00,0x00,0x00,0x00,0x00,
0x00,0x00,0x00,0x00,0x00,0x00,0x00,0x00,0x00,0x00,0x00,0x00,0x00,0x00,
0x00,0x00,0x00,0x00,0x00,0x0C,0x0C,0x00,0x00,0x00,0x00,0x00,0x00,0x0C
,0x0C,0x00,0x00,0x00,0x00,0x00,0x0C,0x00,0x00,0x00,0x00,0x00,0x0C,0x0
C,0x00,0x00,0x00,0x00,0x0C,0x0C,0x00,0x00,0x00,0x0C,0x0C,0x00,0x00,0x
00,0x0C,0x0C,0x00,0x00,0x00,0x00,0x00,0x00,0x00,0x00,0x00,0x00,0x00,0
x00,0x00,0x0C,0x0C,0x00,0x00,0x0C,0x0C,0x00,0x00,0x0C,0x0C,0x00,0x00
,0x0C,0x0C,0x00,0x00,0x00,0x00,0x00,0x00,0x0C,0x0C,0x0C,0x0C,0x0C,0x
0C,0x0C,0x0C,0x0C,0x0C,0x0C,0x0C,0x0C,0x0C,0x0C,0x00,0x00,0x00,0x0
0,0x0C,0x0C,0x00,0x00,0x0C,0x0C,0x00,0x00,0x00,0x00,0x0C,0x0C,0x00,0
x00,0x00,0x00,0x00,0x00,0x00,0x00,0x00,0x00,0x00,0x00,0x0C,0x0C,
0x0C,0x00,0x0C,0x0C,0x00,0x0C,0x0C,0x0C,0x00,0x00,0x0C,0x0C,0x00,0x
00,0x00,0x00,0x00,0x00,0x00,0x00,0x00,0x00,0x0C,0x0C,0x0C,0x0C,0x00,0
x00,0x00,0x00,0x00,0x00,0x00,0x00,0x00,0x00,0x0C,0x0C,0x00,0x00,
0x0C,0x0C,0x00,0x0C,0x0C,0x0C,0x0C,0x0C,0x0C,0x0C,0x0C,0x0C,0x00,0
x00,0x00,0x00,0x00,0x00,0x00,0x00,0x00,0x0C,0x0C,0x00,0x0C,0x0C,
0x00,0x0C,0x0C,0x00,0x00,0x00,0x0C,0x0C,0x00,0x00,0x00,0x00,0x00,0x0
0,0x0C,0x0C,0x0C,0x0C,0x0C,0x0C,0x0C,0x0C,0x00,0x00,0x00,0x00,0x0C,
0x0C,0x0C,0x00,0x00,0x00,0x00,0x00,0x0C,0x00,0x00,0x0C,0x0C,0x00,0x0
C,0x0C,0x00,0x00,0x00,0x00,0x00,0x0C,0x0C,0x00,0x00,0x00,0x00,0x00,0x
00,0x00,0x00,0x00,0x00,0x00,0x00,0x0C,0x0C,0x00,0x00,0x00,0x00,0
x00,0x00,0x0C,0x0C,0x00,0x00,0x00,0x00,0x00,0x0C,0x0C,0x0C,0x0C,0x00
,0x0C,0x0C,0x0C,0x0C,0x0C,0x0C,0x0C,0x0C,0x0C,0x0C,0x00,0x00,0x00,0
x00,0x00,0x00,0x0C,0x0C,0x00,0x0C,0x0C,0x00,0x0C,0x0C,0x00,0x00,0x00
,0x00,0x00,0x0C,0x0C,0x00,0x00,0x00,0x00,0x00,0x00,0x00,0x0C,0x0C,0x0
C,0x0C,0x0C,0x0C,0x0C,0x0C,0x0C,0x0C,0x0C,0x0C,0x0C,0x0C,0x0C,0x0
C,0x00,0x00,0x00,0x00,0x00,0x00,0x0C,0x0C,0x0C,0x0C,0x0C,0x0C,0x00,0
x0C,0x0C,0x0C,0x0C,0x0C,0x00,0x00,0x00,0x00,0x00,0x00,0x00,0x00,0x0C
,0x0C,0x00,0x0C,0x0C,0x00,0x0C,0x0C,0x00,0x00,0x00,0x00,0x00,0x0C,0x
0C,0x00,0x00,0x00,0x00,0x00,0x00,0x00,0x00,0x00,0x00,0x00,0x00,0x00,0x
0C,0x0C,0x00,0x00,0x00,0x00,0x00,0x00,0x0C,0x0C,0x00,0x00,0x00,0x00,0
x00,0x0C,0x0C,0x0C,0x0C,0x0C,0x00,0x00,0x0C,0x0C,0x0C,0x0C,0x0C,0x0
0,0x00,0x00,0x00,0x00,0x00,0x00,0x00,0x00,0x0C,0x0C,0x0C,0x0C,0x00,0x

0C,0x0C,0x0C,0x00,0x00,0x00,0x00,0x00,0x0C,0x0C,0x00,0x00,0x00,0x00,
0x00,0x00,0x00,0x00,0x00,0x00,0x00,0x0C,0x0C,0x0C,0x0C,0x00,0x0C,0x0
C,0x00,0x00,0x00,0x0C,0x0C,0x0C,0x0C,0x00,0x00,0x00,0x00,0x00,0x00,0x
00,0x0C,0x0C,0x0C,0x0C,0x0C,0x0C,0x0C,0x0C,0x0C,0x0C,0x00,0x00,0x0
0,0x00,0x00,0x00,0x00,0x0C,0x0C,0x0C,0x0C,0x0C,0x0C,0x0C,0x0C,0x00,0
x00,0x00,0x00,0x00,0x0C,0x0C,0x00,0x00,0x00,0x00,0x00,0x00,0x00,0x00,
0x00,0x0C,0x0C,0x0C,0x0C,0x0C,0x0C,0x00,0x0C,0x0C,0x0C,0x00,0x00,0x
0C,0x0C,0x0C,0x0C,0x00,0x00,0x00,0x00,0x0C,0x0C,0x0C,0x0C,0x0C,0x0
C,0x00,0x00,0x0C,0x0C,0x00,0x0C,0x0C,0x0C,0x0C,0x00,0x00,0x00,0x0C,0
x0C,0x0C,0x0C,0x0C,0x0C,0x0C,0x00,0x0C,0x0C,0x00,0x00,0x00,0x00,0x0
0,0x0C,0x0C,0x00,0x00,0x00,0x00,0x00,0x00,0x00,0x00,0x0C,0x0C,0x0C,0x
00,0x00,0x0C,0x0C,0x00,0x00,0x0C,0x0C,0x0C,0x00,0x0C,0x0C,0x0C,0x0C
,0x00,0x00,0x00,0x0C,0x0C,0x0C,0x0C,0x00,0x00,0x00,0x00,0x0C,0x0C,0x
00,0x00,0x00,0x00,0x0C,0x0C,0x0C,0x00,0x00,0x0C,0x0C,0x0C,0x0C,0x00,
0x00,0x00,0x00,0x0C,0x0C,0x0C,0x0C,0x0C,0x0C,0x0C,0x0C,0x0C,0x00,0x
00,0x00,0x00,0x00,0x00,0x00,0x0C,0x0C,0x0C,0x00,0x00,0x00,0x0C,0x0C,
0x00,0x00,0x00,0x0C,0x0C,0x0C,0x0C,0x0C,0x0C,0x00,0x00,0x00,0x00,0x0
0,0x00,0x00,0x00,0x00,0x0C,0x0C,0x0C,0x0C,0x0C,0x00,0x00,0x00,0x00,0x
00,0x00,0x00,0x00,0x00,0x00,0x00,0x00,0x00,0x00,0x00,0x00,0x00,0x0C,0x
0C,0x00,0x00,0x00,0x00,0x00,0x0C,0x0C,0x00,0x00,0x00,0x00,0x00,0x00,0
x00,0x00,0x00,0x00,0x00,0x00,0x00,0x00,0x00,0x00,0x00,0x00,0x00,0x00,0
x00,0x00,0x00,0x00,0x00,0x00,0x00,0x00,0x00,0x00,0x00,0x00,0x00,0x00,0
x00,0x00,0x00,0x00,0x00,0x00,0x00,0x00,0x00,0x00,0x00,0x00,0x00,0x00,0
x00,0x00,0x00,0x00,0x00,0x00,0x00,0x00,0x00,0x00,0x00,0x00,0x00,0x00,0
x00,0x00,0x00,0x00,0x00,0x00,0x00,0x00,0x00,0x00,0x00,0x00,0x00,0x00,0
x00,0x00,0x00,0x00,0x00,0x00,0x00,0x00,0x00,0x00,0x00,0x00,0x00,0x00,0
x00,0x00,0x00,0x00,0x00,0x00,0x00,0x00,0x00,0x00,0x00,0x00,0x00,0x00,0
x00,0x00,0x00,0x00,0x00,0x00,0x00,0x00,0x00,0x00,0x00,0x00,0x00,0x00,0
x00,0x00,0x00,0x00,0x00,0x00,0x00,0x00,0x00,0x00,0x00,0x00,0x00,0x00,0
x00,0x00,0x00,0x00,0x00,0x00,0x00,0x00,0x00,0x00,0x00,0x00,0x00,0x00,0
x00,0x00,0x00,0x00,0x00,0x00,0x00,0x00,0x00,0x00,0x00,0x00,0x00,0x00,0
x00,0x00,0x00,0x00,0x00,0x00,0x00,0x00,0x00,0x00,0x00,0x00,0x00,0x00,0
x00,0x00,0x00,0x00,0x00,0x00,0x00,0x00,0x00,0x00,0x00,0x00,0x00,0x00,0
x00,0x00,0x00,0x00,0x00,0x00,0x00,0x00,0x00,0x00,0x00,0x00,0x00,0x00,0
x00,0x00,0x00,0x00,0x00,0x00,0x00,0x00,0x00,0x00,0x00,0x00,0x00,0x00,0
x00,0x00,0x00,0x00,0x00,0x00,0x00,0x00,0x00,0x00,0x00,0x00,0x00,0x00,0
x00,0x00,0x00,0x00,0x00,0x00,0x00,0x00,0x00,0x00,0x00,0x00,0x00,0x00,0

```
x00,0x00,0x00,0x00,0x00,0x00,0x00,0x00,0x00,0x00,0x00,0x00,0x00,0x00,0
x00,0x00,0x00,0x00,0x00,0x00,0x00,0x00,0x00,0x00,0x00,0x00,0x00,0x00,0
x00,0x00,0x00,0x00,0x00,0x00,0x00,0x00,0x00,0x00,0x00,0x00,0x00,0x00,0
x00,0x00,0x00,0x00,0x00,0x00,0x00,0x00,0x00,0x00,0x00,0x00,0x00,0x00,0
x00,0x00,0x00,0x00,0x00,0x00,0x00,0x00,0x00,0x00,0x00,0x00,0x00,0x00,0
x00,0x00,0x00,0x00,0x00,0x00,0x00,0x00,0x00,0x00,0x00,0x00,0x00,0x00,0
x00,0x00,0x00,0x00,0x00,0x00,0x00,0x00,0x00,0x00,0x00,0x00,0x00,0x00,0
x00,0x00,0x00,0x00,0x00,0x00,0x00,0x00,0x00,0x00,0x00,0x00,0x00,0x00,0
x00,0x00,0x00,0x00,0x00,0x00,0x00,0x00,0x00,0x00,0x00,0x00,0x00,0x00,0
x00,0x00,0x00,0x00,0x00,0x00,0x00,0x00,0x00,0x00,0x00,0x00,0x00,0x00,0
x00,0x00,0x00,0x00,0x00,0x00,0x00,0x00,0x00,0x00,0x00,0x00,0x00,0x00,0
x00,0x00,0x00,0x00,0x00,0x00,0x00,0x00,0x00,0x00,0x00,0x00,0x00,0x00,0
x00,0x00,0x00,0x00,0x00,0x00,0x00,0x00,0x00,0x00,0x00,0x00,0x00,0x00,0
x00,0x00,0x00,0x00,0x00,0x00,0x00,0x00,0x00,0x00,0x00,0x00,0x00,0x00,0
x00,0x00,0x00,0x00,0x00,0x00,0x00,0x00,0x00,0x00,0x00,0x00,0x00,0x00,0
x00,0x00,0x00,0x00,0x00,0x00,0x00,0x00,0x00,0x00,0x00,0x00,0x00,0x00,0
x00,0x00,0x00,0x00,0x00,0x00 } ;


String DoubletoString(double no, int fac)
{
    int d1 ;
   double d2 ;
   d1 = (int)no ;
   d2 = no -(int)no ;
   String tmp = (String(d1)) ;
   tmp.concat(".");
   tmp.concat(String((int)(d2*(10^fac)))) ;
     Serial.print("convert") ;
     Serial.print(no) ;
     Serial.print("/") ;
     Serial.print(d1) ;
     Serial.print("/") ;
     Serial.print(d2) ;
     Serial.print("/") ;
     Serial.print(tmp) ;
     Serial.print("---\n") ;
```

```
    return tmp ;
}

void Write_AT_Command(String string)
{
    long st1= millis() ;
        Serial.print("AT Command:(");
    Serial.print(string);
    Serial.print(")\n");
    myHardwareSerial.print(string);
    while (myHardwareSerial.read() != 'E')
    {
        if ((millis() - st1) >300)
            {
                break ;
            }
    }
}
void SerColor()
{
    Write_AT_Command("ATef=(1)");
}
void ClearScreen()
{
    Write_AT_Command("ATd0=()");
}

void SendSchool()
{

}

void SendMessage(int row, int col, String msg)
{
    /*
    Serial.print("Lumex Msg:(");
    Serial.print(msg);
    Serial.print(")\n");
    */
```

```
    String tmp = "AT81=(" ;
    tmp.concat(String(row)) ;
    tmp.concat(",");
    tmp.concat(String(col)) ;
    tmp.concat(",");
    tmp.concat(msg) ;
    tmp.concat(")") ;
  Write_AT_Command(tmp);


}
void SendImage(byte *cc)
{
    for(int i = 0 ; i<2048;i++)
      {
        myHardwareSerial.write(cc[i]) ;
      }
}
void SendSensortoLumex(double t1,int t2, double w1,double w2)
{
  /*
      Serial.print("in SendSensortoLumex") ;
    Serial.print(t1) ;
    Serial.print("/") ;
    Serial.print(t2) ;
    Serial.print("/") ;
    Serial.print(w1) ;
    Serial.print("/") ;
    Serial.print(w2) ;
    Serial.print("===\n") ;
*/

  ClearScreen() ;
  SerColor();
  delay(100);
  SendMessage(0,0,"Speed:"+DoubletoString(t1,2)) ;
  SendMessage(1,0,WindEWay[(int)(t2/45)]) ;
    SendMessage(2,0,DoubletoString(w1,1)+".C") ;
  SendMessage(3,0,DoubletoString(w2,1)+" %") ;
```

```
}
```

傳送風向、風速、溫溼度等感測值送到 MQTT Boker

我們透過下表程式，將風向感測、風速感測、溫溼度感測器等模組感測值產生為一個 JSON 資料。

```
payloadStr = CreateJsonData2(MacData,IpAddress2String(ip),Wind-
speed,Windangle,Temp,Humid) ;
```

我們使用 CreateJsonData2(String Mac,String IPStr,double sp, int way, double t,double h)函式，傳送網路卡編號：Mac，網址：ip，風速：Windspeed，風向：Windangle，溫度：Temp，濕度：Humid，等六個參數傳送到 CreateJsonData2()函數之中，透過 CreateJsonData2()函數產生 JSON 字串，回傳到 payloadStr 變數之中。

```
String CreateJsonData2(String Mac,String IPStr,double sp, int way, double
t,double h )
{
    String tmp = "{" ;
    //--------------

    tmp.concat("\"MAC\": ") ;
    tmp.concat("\"") ;
    tmp.concat(Mac) ;
    tmp.concat("\",") ;
    //--------------
    tmp.concat("\"IP\": ") ;
    tmp.concat("\"") ;
    tmp.concat(IPStr) ;
    tmp.concat("\",") ;
      //--------------
    tmp.concat("\"WindSpeed\": ") ;
    tmp.concat("\"") ;
```

```
    tmp.concat(String(sp)) ;
    tmp.concat("\",") ;
    //--------------
    tmp.concat("\"WindDirection\": ") ;
    tmp.concat("\"") ;
    tmp.concat(String(way)) ;
    tmp.concat("\",") ;
    //--------------
    tmp.concat("\"Temperature\": ") ;
    tmp.concat("\"") ;
    tmp.concat(String(t)) ;
    tmp.concat("\",") ;
    //--------------
    tmp.concat("\"Humidity\": ") ;
    tmp.concat("\"") ;
    tmp.concat(String(h)) ;
    tmp.concat("\" ") ;
      //--------------
    tmp.concat("}") ;
    //--------------
  Serial.println(tmp) ;
    return tmp ;
  }
```

我們使用 mqttclient.setServer("broker.shiftr.io", 1883); ，登錄 MQTT Broker 主機：broker.shiftr.io。

```
    mqttclient.setServer("broker.shiftr.io", 1883);
```

我們使用 fillCID(MacData); 將裝置的網路卡編號，產生一組獨立唯一的 MQTT ClientID。

```
fillCID(MacData); // generate a random clientid based MAC
    Serial.print("MQTT ClientID is :(") ;
    Serial.print(clintid) ;
    Serial.print(")\n") ;
```

我們使用 connectMQTT();，來連接 MQTTBroker 主機。

```
void connectMQTT()
{
  Serial.print("MQTT ClientID is :(") ;
  Serial.print(clintid) ;
  Serial.print(")\n") ;
  long strtime = millis() ;
  while (!mqttclient.connect(clintid, "try", "try")) {
    Serial.print("-");
    delay(1000);
    if ((millis()-strtime )>WaitingTimetoReboot )
      {
              Serial.println("No Wifi and Rebooting") ;
              ShowString("Rebooting.") ;
              ESP.restart();
      }
  }
    Serial.print("\n");

  mqttclient.subscribe("/NCNU/Wind/#");
  Serial.println("\n MQTT connected!");


  // client.unsubscribe("/hello");
}
```

我們使用產生獨立為一個 clintid, 並使用使用者："try", 密碼："try"，登錄 MQTT Broker 主機，如果一直登錄不成功，就重開機。

並且我們訂閱我們傳送 TOPIC：NCNU/Wind/網路卡編號，來確定並顯示是否傳送資料成功。

```
mqttclient.subscribe("/NCNU/Wind/#");
```


最後我們使用 mqttclient.publish( )函式，將 JSON DATA 內容，傳送到 MQTT

Broker 主機：broker.shiftr.io，並送到 TOPIC: /NCNU/Wind/網路卡編號，本文是 TOPIC: /NCNU/Wind/246F289E432C。

```
if (mqttclient.publish(&pubTopic[0],JSONmessageBuffer,payloadStr.length()+1))
{
        ShowString("MQTT Sent success.....") ;
        mqttclient.loop() ;
    }else
    {
        ShowString("MQTT Fail....") ;
    }
```

接收 MQTT Boker 之風向、風速、溫溼度等感測值並顯示

我們使用 PubSubClient.h 的函式庫，來讀取 JSON 的資料，對於安裝 PubSubClient.h 函式庫不了解的讀者，可以參閱筆者拙作：ESP32 程式設計(基礎篇):ESP32 IOT Programming (Basic Concept & Tricks)(曹永忠, 2020a, 2020b)，了解如何安裝外部函式庫。

```
#include <PubSubClient.h>
```

我們使用 WiFiClient mqclient;來產生 TCP/IP 網路元件，再利用外部函式 PubSubClient，透過 PubSubClient mqttclient(mqclient) ;來將 mqclient 之 TCP/IP 網路元件，轉化成 mqttclient 的連接元件。

```
WiFiClient mqclient;
PubSubClient mqttclient(mqclient) ;
```

我們使用 mqttclient.setServer("broker.shiftr.io", 1883); ，登錄 MQTT Broker 主機：
broker.shiftr.io。

```
mqttclient.setServer("broker.shiftr.io", 1883);
```

我們使用 fillCID(MacData); 將裝置的網路卡編號，產生一組獨立唯一的 MQTT Cli-
entID。

```
fillCID(MacData); // generate a random clientid based MAC
    Serial.print("MQTT ClientID is :(") ;
    Serial.print(clintid) ;
    Serial.print(")\n") ;
```

我們使用 connectMQTT(); ，來連接 MQTTBroker 主機。

```
void connectMQTT()
 {
   Serial.print("MQTT ClientID is :(") ;
   Serial.print(clintid) ;
   Serial.print(")\n") ;
   while (!mqttclient.connect(clintid, "try", "try")) {
//   while (!mqttclient.connect(clintid)) {
     Serial.print("-");
     delay(1000);
   }
     Serial.print("\n");

   mqttclient.subscribe(SubTopic);
   Serial.println("\n MQTT connected!");


   // client.unsubscribe("/hello");
 }
```

我們使用產生獨立為一個 clintid，並使用使用者："try"，密碼："try"，登錄 MQTT Broker 主機，如果一直登錄不成功，就重開機。

　　並且我們使用 mqttclient.subscribe(SubTopic);

　　來訂閱我們傳送 TOPIC：SubTopic，來確定並顯示是否傳送資料成功。

```
mqttclient.subscribe(SubTopic);
Serial.println("\n MQTT connected!");
```

　　而 TOPIC：SubTopic，就是之前傳送裝置之"/NCNU/Wind/246F289E432C"。

```
#define SubTopic    "/NCNU/Wind/246F289E432C"
```

　　最後我們使用 callback(char* topic, byte* payload, unsigned int length)函式，將訂閱 JSON DATA 內容，當有資料傳送到 MQTT Broker 主機：broker.shiftr.io，並送到 TOPIC: /NCNU/Wind/網路卡編號，本文是 TOPIC: /NCNU/Wind/246F289E432C。，則使用下表的函示進行解譯。

```
void callback(char* topic, byte* payload, unsigned int length) {
  Serial.print("Message arrived [");
  Serial.print(topic);
  Serial.print("] \n");
   deserializeJson(doc, payload, length);
  JsonObject documentRoot = doc.as<JsonObject>();


  Serial.print("MAC:") ;
  const char* a1 = documentRoot.getMember("MAC") ;
  Serial.println(a1);
  //--------------------

  Serial.print("IP:");
  const char* a2 = documentRoot.getMember("IP") ;
```

```
  Serial.println(a2);
  //-------------------
  Serial.print("WindSpeed:");
  const char* a3 = documentRoot.getMember("WindSpeed") ;
  //SendMessage(0,0,a3) ;
  Serial.println(a3);
  //-------------------
  Serial.print("WindDirection:");
  const char* a4 = documentRoot.getMember("WindDirection") ;
  Serial.println(a4);
  //-------------------
  Serial.print("Temperature:");
  const char* a5 = documentRoot.getMember("Temperature") ;
  Serial.println(a5);
  //-------------------
  Serial.print("Humidity:");
  const char* a6 = documentRoot.getMember("Humidity") ;
  Serial.println(a6);
  //-------------------
Windspeed = ChartoString(a3).toDouble();
Winddir = ChartoString(a4).toInt();
Temp = ChartoString(a5).toDouble();
Humid = ChartoString(a6).toDouble();

   ClearScreen() ;
   SendImage(sitetitle) ;
   delay(1500);
  SendSensortoLumex(Windspeed,Winddir,Temp,Humid);
}
```

　　而我們必須在使用 mqttclient.setServer("broker.shiftr.io", 1883);之後，加入下表的
指令，來當作 callback 函式[9]，來指定處理函式。

---

[9]
https://medium.com/appxtech/%E4%BB%80%E9%BA%BC%E6%98%AFcallback%E5%87%BD%E5%
BC%8F-callback-function-3a0a972d5f82

```
mqttclient.setCallback(callback);
```

而我們必須在使用 callback()函數之後，程式透過 deserializeJson(doc, payload, length);將內容轉成 doc 字串。

再加入下表的指令：JsonObject documentRoot = doc.as<JsonObject>();，將 doc 字串轉成 Json 物件。

在透過下列指令，將每一個元素，轉成變數內容：

- a1 = documentRoot.getMember("MAC") ; //讀取網路卡編號
- a2 = documentRoot.getMember("IP") ;   //讀取 IP 網址
- a3 = documentRoot.getMember("WindSpeed") ;   //讀取風速
- a4 = documentRoot.getMember("WindDirection") ; //讀取風向
- a5 = documentRoot.getMember("Temperature") ;   //讀取溫度
- a6 = documentRoot.getMember("Humidity") ;   //讀取濕度

因為變數型態不同，所以在透過下列程式，轉換型態：

- Windspeed = ChartoString(a3).toDouble();   //轉換風速
- Winddir = ChartoString(a4).toInt();   //轉換風向
- Temp = ChartoString(a5).toDouble();   //轉換溫度
- Humid = ChartoString(a6).toDouble();   //轉換溼度

```
deserializeJson(doc, payload, length);
JsonObject documentRoot = doc.as<JsonObject>();


Serial.print("MAC:") ;
const char* a1 = documentRoot.getMember("MAC") ;
Serial.println(a1);
//--------------------

Serial.print("IP:");
const char* a2 = documentRoot.getMember("IP") ;
Serial.println(a2);
//-------------------
Serial.print("WindSpeed:");
const char* a3 = documentRoot.getMember("WindSpeed") ;
//SendMessage(0,0,a3) ;
```

```
Serial.println(a3);
//-------------------
Serial.print("WindDirection:");
const char* a4 = documentRoot.getMember("WindDirection") ;
Serial.println(a4);
//-------------------
Serial.print("Temperature:");
const char* a5 = documentRoot.getMember("Temperature") ;
Serial.println(a5);
//-------------------
Serial.print("Humidity:");
const char* a6 = documentRoot.getMember("Humidity") ;
Serial.println(a6);
```

而我們使用 ClearScreen() ;，清除獨立動態顯示裝置的畫面。

```
ClearScreen() ;
```

而我們使用 SendImage(sitetitle) ;，產生下列畫面。

```
SendImage(sitetitle) ;
```

圖 86 獨立動態顯示裝置顯示抬頭

而我們必須在使用 SendSensortoLumex(Windspeed,Winddir,Temp,Humid);讓獨立動態顯示裝置顯示氣象資訊。

```
SendSensortoLumex(Windspeed,Winddir,Temp,Humid);
```

圖 87 獨立動態顯示裝置顯示氣象資訊

風向顯示網頁設計

如下圖所示，筆者設計一個網頁，網址：http://ncnu.arduino.org.tw:9999/wind.php，

來顯示吳厝國小的氣象監控站。

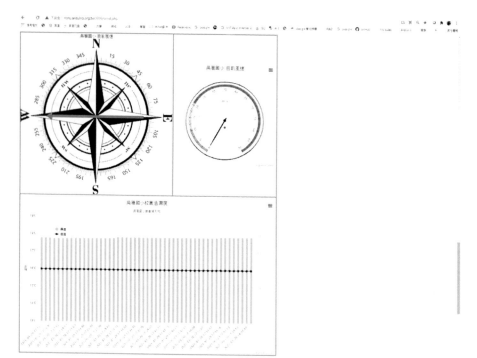

蒲福風級表

下表為依氣象局展示的風級標準，中央氣象局採用的標準係採用WMO所公布的國際標準，蒲福風等級可用來量度及描述風的強弱程度。（資料來源 http://typhoon.ncl.keom.reference.beaufort_scale https://www.cwb.gov.tw.V7.knowledge.encyclopedia/tyb23.htm）

風級和相應的描述風力術語

蒲福風級	風速			描述風力術語					海上情況	陸上情況
	節(kt)	公里/時(km/h)	公尺/秒(m/s)	中國大陸	台灣	香港	澳門	英語	波高(公尺)	
0	0~1	0~2	0~0.2	無風	無風	無風	靜止	Calm	0~0.1 無浪	煙直直向上
1	1~3	2~6	0.3~1.5	軟風	軟風	軟風	微風	Light light air	0.1~0.3	煙能表示風向，但風向標不轉動
2	4~6	7~12	1.6~3.3	輕風	輕風	輕風	微風	Light Light breeze	0.3~0.4	人面感覺有風，樹葉有微響，風向標轉動
3	7~10	13~19	3.4~5.4	微風	微風	和緩	溫和	Moderate Gentle breeze	0.5~0.7	樹葉及小樹枝搖動不息，旌旗展開
4	11~16	20~30	5.5~7.9	和風	和風	和緩	和緩	Moderate Moderate breeze	0.9~1.25	吹起地面灰塵和紙張，小樹枝搖動
5	17~21	31~40	8.0~10.7	清風	清風	清勁	清勁	Fresh	1.75~2.5	有葉的小樹枝擺動，內陸水面有小波
6	22~27	41~51	10.8~13.8	強風	強風	清勁	清勁	Strong	2.5~4	大樹枝搖擺，電線有呼呼聲，撐傘困難
7	28~33	52~62	13.9~17.1	疾風	疾風	強風	強風	Strong Near gale	3~4	全樹搖動，迎風行走有阻力
8	34~40	63~75	17.2~20.7	大風	大風	烈風	烈風	Gale	4~6	小樹枝被吹折，人行進困難
9	41~47	76~87	20.8~24.4	烈風	烈風	烈風	烈風	Gale Strong Gale	6~8	建築物有損壞，煙囪被吹倒，樹枝折斷
10	48~55	88~103	24.5~28.4	狂風	狂風	暴風	暴風	Storm	8~11	樹木被風拔起，建築物有相當破壞
11	56~63	104~117	28.5~32.6	暴風	暴風	暴風	暴風	Storm Violent storm	11~14	陸上少見，建築物普遍嚴重破壞
12	64~71[a]	118~132[a]	32.7~36.9[a]	颶風	颶風	颱風	颱風	Hurricane / Typhoon	≥14	陸上少見，建築物有嚴重損毀
13	72~80	133~149	37.0~41.4	颱風	颱風	不適用	不適用	Hurricane / Typhoon	≥14	陸上甚少出現，如有必招致嚴重破壞
14	81~89	150~166	41.5~46.1	強颱風 / 強颱	強烈颱風	不適用	不適用	Severe Hurricane Severe Typhoon	≥14	陸上極少出現，如有必招致嚴重破壞
15	90~99	167~184	46.2~50.9	不適用	強烈颱風	不適用	不適用	Severe Hurricane Severe Typhoon	≥14	陸上極少出現，如有必招致嚴重破壞
16	100~108	185~201	51.0~56.0	超強颱風 / 超級颱風	不適用	不適用	不適用	Super Hurricane Super Typhoon	≥14	陸上極少出現，如有必招致嚴重破壞
17	109~118	202~219	56.1~62.3	超強颱風 / 超級颱風	不適用	不適用	不適用	Super Hurricane Super Typhoon	≥14	陸上極少出現，如有必招致嚴重破壞
17以上	≥120	≥220	(≥61.2)	超強颱風 / 超級颱風	不適用	不適用	不適用	Hyper Hurricane Hyper Typhoon	≥14	陸上罕見，必會持續破壞

註：海上情況是指海面之大海上的情況，風速指離海平面10m處，海上情況只是相依性的情況。蒲福與風級的關係式 V=0.836·（B3/2）（V=風速 m/s，B=風級）

圖 88 吳厝國小氣象環境監控平台

系統整合

如下圖所示，筆者將第一套氣象監控站，置於吳厝國小的「逢甲牛罵頭小書屋」之内，如下圖之系統展示。

圖 89 吳厝國小氣象環境監控平台

如下圖所示，這是第一套氣象監控站的内部裝置。

圖 90 裝置原型

如下圖所示，這是加上外殼之裝置原型。

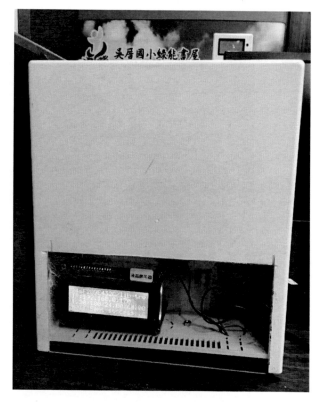

圖 91 加上外殼之裝置原型

如下圖所示，為獨立動態顯示裝置之實際展示圖。

圖 92 實際獨立動態顯示裝置

章節小結

　　本章主要介紹吳厝國小之氣象雲端平台之整合開發與程式設計暨解說，相信透過本章節的解說，相信讀者會對氣象雲端平台之整合開發與程式設計、使用風向、風速、溫溼度等偵測模組與動態螢幕顯示的資訊的技術，有更深入的了解與體認。

本書總結

作者之一是清水吳厝國小 校長黃朝恭 先生,校址位於台中國際機場邊,也是清水的偏鄉學校,在建立逢甲牛罵頭小書屋,體認對於學子的健康與社區健康深感重要,委託筆者在該校內建立氣象監測站,並透過物聯網的技術,將這樣的資訊網頁化,可以讓各地方的使用者查詢到該區域的氣象資訊。

另一位作者:謝宏欽總經理,為美商律美(Lumex) 台灣分公司總經理,本書之獨立動態顯示裝置:LDM-6432-P4-USB2-1,則為謝宏欽總經理親自設計開發的優秀產品,本書集結諸位先進與技術人士,將這個最新的氣象雲端平台的設計與開發,一步一步揭露於文中,希望諸位作者的經驗號召更多有志之士,可以將環境監控的感測資訊提升到更圓滿的境界。

作者介紹

曹永忠 (Yung-Chung Tsao) ，國立中央大學資訊管理學系博士，目前在國立暨南國際大學電機工程學系與應用材料及光電工程學系擔任兼任助理教授與自由作家，專注於軟體工程、軟體開發與設計、物件導向程式設計、物聯網系統開發、Arduino 開發、嵌入式系統開發。長期投入資訊系統設計與開發、企業應用系統開發、軟體工程、物聯網系統開發、軟硬體技術整合等領域，並持續發表作品及相關專業著作，並通過台灣圖霸的專家認證

Email:prgbruce@gmail.com
Line ID：dr.brucetsao
WeChat：dr_brucetsao

臉書社群(Arduino.Taiwan)：
https://www.facebook.com/groups/Arduino.Taiwan/
Github 網站：https://github.com/brucetsao/
原始碼網址：https://github.com/brucetsao/eWind
台灣圖霸：https://www.map8.zone
Youtube：
https://www.youtube.com/channel/UCcYG2yY_u0m1aotcA4hrRgQ

黃朝恭 校長

壹、學歷
- 國立臺中師範學院教育測驗統計研究所碩士
- 國立臺中師範學院數理教育學系畢業
- 省立臺中師範學院五專部普通師資科數學組畢業
- 臺中縣立清水區清泉國中畢業
- 臺中縣立清水區三田國小畢業

貳、經歷
- 臺中市清水區吳厝國民小學校長(1030801 ~ 迄今)
- 臺中市國民教育輔導團資訊教育議題輔導小組副召集人(1030801 ~ 迄今)
- 教育局體育保健科見習候用校長 (1020801 ~ 1030731)
- 臺中市清水區吳厝國民小學總務主任(1010801 ~ 1020801)
- 臺中市清水區吳厝國民小學輔導主任兼資訊教師(990801 ~ 1010801)
- 臺中縣清水區吳厝國民小學教務主任兼資訊教師(980801 ~ 990801)
- 臺中縣清水區吳厝國民小學教導主任兼資訊教師(940801 ~ 980801)

- 臺中縣清水區吳厝國民小學級任教師兼資訊教師(920801～940801)
- 臺中縣清水區清水國民小學設備組長　　(870801～920801)
- 臺中縣清水區清水國民小學教師　　(830801～870801)
- 臺中縣清水區西寧國民小學教師　　(810801～830801)
- 臺中縣清水區東山國民小學教師　　(770801～810801)

參、訓練及考試
- 臺中縣九十一學年度國民中小學學校教職員資訊基本能力檢測合格
- 臺中縣九十二學年度國民中小學網路管理人員資訊能力檢測合格
- 臺中縣九十二學年度國民中小學學校教職員資訊進階能力檢測合格
- 教育部資訊種子教師第13期民國八十四年班(中央大學資策會合辦)
- 國立彰化師範大學八十四學年度電腦輔助教學設計肆學分班
- 國立中興大學八十八學年度臺灣學術網路技術管理教師班參學分班
- 98-101學年度參加教師專業發展評鑑計畫
- 臺中縣九十八年優良教育人員
- 臺中市101年防火管理人員初階訓練合格
- 教師專業發展評鑑初階人員陪訓及格
- 教師專業發展評鑑進階人員陪訓及格
- 教師專業發展評鑑教學輔導教師培訓貳學分
- 臺中縣第二期國民中小學主任儲訓班
- 臺中市校長班國立教育研究院校長儲訓班第134期

肆、自傳
■個人理念
　　教育大師佐藤學:「真正的教育是所有人一起學習」,投入基層教育工作三十年,至今我仍熱愛這份志業,期許站得越高能看得越廣,以教學專業和豐富經驗能服務更多人,讓社會更美好。

■學習成長
出生於清水農村,父母親均未受過正統教育,本身亦未進過幼稚園與補習班,受國中小老師教誨感動,立下能為人師表之志願。國中畢業幸運考上臺中師專,接受正統師資訓練,畢業後分發故鄉,歷經導師、專任教師、設備組長。
　　「教然後知不足」,於是致力在職進修,曾甄選至中央大學接受資訊種子教師訓練,後進入國立臺中師院數理教育學系,同時考上該校教育測驗統計研究所,歷經三年在職進修,千禧年得到碩士學位;而後參加臺中縣第二期主任甄選,學習豐碩,眼界更廣,時常參加線上進修課程,終身學習。

■專業發展
資訊教育方面:曾參與清水國小有線電視各班視聽設計與規劃,規劃新穎電腦教室,建置全校電腦網路,並兩度參加大型與偏遠小型學校教育部資訊種子學校計畫,學習運用資訊科技教學新模式，今年加入臺中市 ICT 資訊融入教學計畫，並代表參加教育部資訊典範團隊選拔，擔任臺中市國民教育輔導團資訊教育議題輔導小組副召集人多年。

推動閱讀方面：於清水國小推動閱讀活動「k 書王」，吳厝國小編寫

教師專業方面：參加「教師專業發展評鑑計畫」及 12，提昇本校教師的教學專業知能，成立專業學習社群，擔任領頭羊，增進與分享教學伙伴的教學新知，並應用於學生學習，建置吳厝國小良好閱讀空間：牛罵頭書屋、樂讀角、音閱花坊、社區共讀站，營造書香校園。

Email: chaokung@wtes.tc.edu.tw

作者網站：吳厝的阿恭校長 http://wu-tso-principal.blogspot.com/

臉書：https://www.facebook.com/profile.php?id=100002154814193

謝宏欽 (Hung-Chin Hsieh)，香港中文大學(CUHK) 企管碩士，曾任職美商半導體測試公司多年，現任美商律美(Lumex) 台灣分公司總經理，專注於 LED 元件解決方案、顯示器介面整合與 LED 相關之客製化產品開發。

　　Email: richardh@lumex.com.tw

作者公司網頁：http://www.lumex.com

許智誠 (Chih-Cheng Hsu)，美國加州大學洛杉磯分校(UCLA) 資訊工程系博士，曾任職於美國 IBM 等軟體公司多年，現任教於中央大學資訊管理學系專任副教授，主要研究為軟體工程、設計流程與自動化、數位教學、雲端裝置、多層式網頁系統、系統整合、金融資料探勘、Python 建置(金融)資料探勘系統。

　　Email: khsu@mgt.ncu.edu.tw

　　作者網頁：http://www.mgt.ncu.edu.tw/~khsu/

蔡英德 (Yin-Te Tsai)，國立清華大學資訊科學博士，目前是靜宜大學資訊傳播工程學系教授，靜宜大學資訊學院院長及靜宜大學人工智慧創新應用研發中心主任。曾擔任台灣資訊傳播學會理事長，台灣國際計算器程式競賽暨檢定學會理事，台灣演算法與計算理論學會理事、監事。主要研究為演算法設計與分析、生物資訊、軟體開發、智慧計算與應用。

Email:yttsai@pu.edu.tw

　　作者網頁：http://www.csce.pu.edu.tw/people/bio.php?PID=6#personal_writing

參考文獻

◆ Tsao, Y. C., Tsai, Y. T., & Hsu, S. F. (2016). Design and Implementation of a LASS-based Environment Monitoring System. Paper presented at the Embedded Multi-core Computing and Applications (EMCA 2016), Paris, France.

◆ 吳昇峰, 陶光柏, 王薇婷, 黃玉甄, 吳佳駿, & 曹永忠. (2017). 實作細懸浮微粒子偵測裝置以進行中國陰霾吹入金門之數據分析(An Implementation of a Particle Detective Device to Display an Impact Analysis of Kinmen Air Pollution from China Haze). Paper presented at the 第 24 屆中華民國人因工程學會 年會暨學術研討會, 台灣、金門.

◆ 柯清長. (2016). LASS 環境感測網路之實作研究.

◆ 曹永忠. (2016a). 工業 4.0 實戰-透過網頁控制繼電器開啟家電. Circuit Cellar 嵌入式科技(國際中文版 NO.7), 72-83.

◆ 曹永忠. (2016b). 智慧家庭：PM2.5 空氣感測器（感測器篇）. 智慧家庭. Retrieved from https://vmaker.tw/archives/3812

◆ 曹永忠. (2016c). 智慧家庭：PM2.5 空氣感測器（上網篇：啟動網路校時功能）. 智慧家庭. Retrieved from https://vmaker.tw/archives/7305

◆ 曹永忠. (2016d). 智慧家庭：PM2.5 空氣感測器（上網篇：連上 MQTT）. 智慧家庭. Retrieved from https://vmaker.tw/archives/7490

◆ 曹永忠. (2016e). 智慧家庭：PM2.5 空氣感測器（硬體組裝上篇）. 智慧家庭. Retrieved from https://vmaker.tw/archives/3901

◆ 曹永忠. (2016f). 智慧家庭：PM2.5 空氣感測器（硬體組裝下篇）. 智慧家庭. Retrieved from https://vmaker.tw/archives/3945

◆ 曹永忠. (2016g). 智慧家庭：PM2.5 空氣感測器（電路設計上篇）. 智慧家庭. Retrieved from https://vmaker.tw/archives/4029

◆ 曹永忠. (2016h). 智慧家庭：PM2.5 空氣感測器（電路設計下篇）. 智慧家庭. Retrieved from https://vmaker.tw/archives/4127

◆ 曹永忠. (2016i). 智慧家庭：PM2.5 空氣感測器（檢核資料）. 智慧家庭. Retrieved from https://vmaker.tw/archives/8587

◆ 曹永忠. (2017). 【Tutorial】溫濕度感測模組與大型顯示裝置的整合應用. Retrieved from https://makerpro.cc/2017/11/integration-of-temperature-and-humidity-sensing-module-and-large-display/

◆ 曹永忠. (2018a). 【物聯網開發系列】雲端主機安裝與設定(NAS 硬體安裝篇). 智慧家庭. Retrieved from https://vmaker.tw/archives/27589

◆ 曹永忠. (2018b). 【物聯網開發系列】雲端主機安裝與設定（NAS 硬體設定篇）. 智慧家庭. Retrieved from https://vmaker.tw/archives/27755

◆ 曹永忠. (2018c). 【物聯網開發系列】雲端主機安裝與設定（資料庫設定篇）. 智慧家庭. Retrieved from https://vmaker.tw/archives/28209

◆ 曹永忠. (2018d). 【物聯網開發系列】雲端主機安裝與設定（網頁主機設定篇）. 智慧家庭. Retrieved from https://vmaker.tw/archives/28465

◆ 曹永忠. (2018e). 【物聯網開發系列】雲端主機資料表建置與權限設定篇. 智慧家庭. Retrieved from https://vmaker.tw/archives/29281

◆ 曹永忠. (2018f). 【物聯網開發系列】感測裝置上傳雲端主機篇. 智慧家庭. Retrieved from https://vmaker.tw/archives/29327

◆ 曹永忠. (2020a). ESP32 程式设计(基础篇):ESP32 IOT Programming (Basic Concept & Tricks) (初版 ed.). 台湾、彰化: 渥瑪數位有限公司.

◆ 曹永忠. (2020b). ESP32 程式設計(基礎篇):ESP32 IOT Programming (Basic Concept & Tricks) (初版 ed.). 台湾、彰化: 渥瑪數位有限公司.

◆ 曹永忠. (2020c, 2020/03/11). NODEMCU-32S 安裝 ARDUINO 整合開發環境. 物聯網. Retrieved from http://www.techbang.com/posts/76747-nodemcu-32s-installation-arduino-integrated-development-environment

◆ 曹永忠. (2020d, 2020/03/12). 安裝 ARDUINO 線上函式庫. 物聯網. Retrieved from http://www.techbang.com/posts/76819-arduino-letter-library-installation-installing-online-letter-library

◆ 曹永忠. (2020e, 2020/03/09). 安裝 NODEMCU-32S LUA Wi-Fi 物聯網開發板驅動程式. 物聯網. Retrieved from http://www.techbang.com/posts/76463-nodemcu-32s-lua-wifi-networked-board-driver

◆ 曹永忠. (2020f). 【物聯網系統開發】Arduino 開發的第一步：學會 IDE 安裝，跨出 Maker 第一步. 物聯網. Retrieved from http://www.techbang.com/posts/76153-first-step-in-development-arduino-development-ide-installation

◆ 曹永忠, 吳佳駿, 許智誠, & 蔡英德. (2016). Ameba 程序设计(基础篇):Ameba RTL8195AM IOT Programming (Basic Concept & Tricks) (初版 ed.). 台湾、彰化: 渥瑪數位有限公司.

◆ 曹永忠, 吳佳駿, 許智誠, & 蔡英德. (2017a). Ameba 程式設計(物聯網基礎篇):An Introduction to Internet of Thing by Using Ameba RTL8195AM (初版 ed.). 台湾、彰化: 渥瑪數位有限公司.

◆ 曹永忠, 吳佳駿, 許智誠, & 蔡英德. (2017b). Arduino 程式設計教學(技巧篇):Arduino Programming (Writing Style & Skills) (初版 ed.). 台湾、彰化: 渥瑪數位有限公司.

◆ 曹永忠, 吳欣蓉, & 陳建宇. (2018a). 【物聯網開發系列】顯示技術技巧大探索-直譯式顯示技術應用：以貪吃蛇為例(上篇). 物聯網開發系列. Retrieved from https://vmaker.tw/archives/25660

◆ 曹永忠, 吳欣蓉, & 陳建宇. (2018b). 【物聯網開發系列】顯示技術技巧大探索-直譯式顯示技術應用：以貪吃蛇為例(下篇). 物聯網開發系列. Retrieved from https://vmaker.tw/archives/25660

◆ 曹永忠, 吳欣蓉, & 陳建宇. (2018c). 【物聯網開發系列】顯示技術技巧大探索-

直譯式顯示技術應用：以貪吃蛇為例(中篇). 物聯網開發系列. Retrieved from https://vmaker.tw/archives/25711

◆ 曹永忠, 吳欣蓉, & 陳建宇. (2019a). 直译式显示技术应用(Lumex EZDisplay):Design a Snake Game by Using Lumex EZDisplay (Industry 4.0 Series) (初版 ed.). 台湾、彰化: 渥瑪數位有限公司.

◆ 曹永忠, 吳欣蓉, & 陳建宇. (2019b). 直譯式顯示技術應用(Lumex EZDisplay):Design a Snake Game by Using Lumex EZDisplay (Industry 4.0 Series) (初版 ed.). 台湾、彰化: 渥瑪數位有限公司.

◆ 曹永忠, 許智誠, & 蔡英德. (2016a). Ameba 空气粒子感测装置设计与开发 (MQTT 篇):Using Ameba to Develop a PM 2.5 Monitoring Device to MQTT (初版 ed.). 台湾、彰化: 渥瑪數位有限公司.

◆ 曹永忠, 許智誠, & 蔡英德. (2016b). Ameba 空氣粒子感測裝置設計與開發 (MQTT 篇)):Using Ameba to Develop a PM 2.5 Monitoring Device to MQTT (初版 ed.). 台湾、彰化: 渥瑪數位有限公司.

◆ 曹永忠, 許智誠, & 蔡英德. (2016c). Arduino 空气盒子随身装置设计与开发(随身装置篇):Using Arduino to Develop a Timing Controlling Device via Internet (初版 ed.). 台湾、彰化: 渥瑪數位有限公司.

◆ 曹永忠, 許智誠, & 蔡英德. (2016d). Arduino 空氣盒子隨身裝置設計與開發(隨身裝置篇):Using Arduino Nano to Develop a Portable PM 2.5 Monitoring Device (初版 ed.). 台湾、彰化: 渥瑪數位有限公司.

◆ 曹永忠, 許智誠, & 蔡英德. (2017a). Ameba 風力監控系統開發(氣象物聯網) (Using Ameba to Develop a Wind Monitoring System (IOT for Weather)) (初版 ed.). 台湾、彰化: 渥瑪數位有限公司.

◆ 曹永忠, 許智誠, & 蔡英德. (2017b). MediaTek Labs MT 7697 开发板基础程序设计(An Introduction to Programming by Using MediaTek Labs MT 7697) (初版 ed.). 台湾、彰化: 渥瑪數位有限公司.

◆ 曹永忠, 許智誠, & 蔡英德. (2018a). 云端平台(硬件建置基础篇):The Setting and Configuration of Hardware & Operation System for a Clouding Platform based on QNAP Solution (初版 ed.). 台湾、彰化: 渥瑪數位有限公司.

◆ 曹永忠, 許智誠, & 蔡英德. (2018b). 雲端平台(硬體建置基礎篇): The Setting and Configuration of Hardware & Operation System for a Clouding Platform based on QNAP Solution (Industry 4.0 Series) (初版 ed.). 台湾、彰化: 渥瑪數位有限公司.

◆ 曹永忠, 許智誠, & 蔡英德. (2018c). 溫溼度裝置與行動應用開發(智慧家居篇):A Temperature & Humidity Monitoring Device and Mobile APPs Development(Smart Home Series) (初版 ed.). 台湾、彰化: 渥瑪數位有限公司.

◆ 曹永忠, 許智誠, & 蔡英德. (2019a). 云端平台(系统开发基础篇): The Tiny Prototyping System Development based on QNAP Solution (初版 ed.). 台湾、彰化: 渥瑪數位有限公司.

◆ 曹永忠, 許智誠, & 蔡英德. (2019b). 雲端平台(系統開發基礎篇): The Tiny Prototyping System Development based on QNAP Solution (初版 ed.). 台湾、彰化: 渥瑪數位有限公司.

◆ 曹永忠, & 黃朝恭. (2019). 風向、風速、溫溼度整合系統開發(氣象物聯網):A Tiny Prototyping Web System for Weather Monitoring System (IOT for Weather) (初版 ed.). 台湾、彰化: 渥瑪數位有限公司.

◆ 陳昱彣. (2016). 看見空氣 LASS 環境感測.

整合風向、風速、溫溼度於環控平台（氣象物聯網）

To Integrate the Wind & Wind-speed & Temperature and Humidity Sensors to Environment Monitor System (IOT for Weather)

作　　者：曹永忠、黃朝恭、謝宏欽、
　　　　　許智誠、蔡英德

發 行 人：黃振庭

出 版 者：崧燁文化事業有限公司

發 行 者：崧燁文化事業有限公司

E-mail：sonbookservice@gmail.com

粉 絲 頁：https://www.facebook.com/
　　　　　sonbookss/

網　　址：https://sonbook.net/

地　　址：台北市中正區重慶南路一段六十一號八
　　　　　樓 815 室

Rm. 815, 8F., No.61, Sec. 1, Chongqing S. Rd., Zhongzheng Dist., Taipei City 100, Taiwan

電　　話：(02) 2370-3310

傳　　真：(02) 2388-1990

印　　刷：京峯彩色印刷有限公司（京峰數位）

律師顧問：廣華律師事務所 張珮琦律師

國家圖書館出版品預行編目資料

整合風向、風速、溫溼度於環控平台（氣象物聯網）= To integrate the wind & wind-speed & temperature and humidity sensors to environment monitor system (IOT for weather) / 曹永忠，黃朝恭，謝宏欽，許智誠，蔡英德著 . -- 第一版 . -- 臺北市：崧燁文化事業有限公司 , 2022.03
　　面；　公分
POD 版
ISBN 978-626-332-100-7(平裝)
1.CST: 微電腦 2.CST: 電腦程式語言
471.516　111001418

定　　價：360 元

發行日期：2022 年 03 月第一版

◎本書以 POD 印製

官網

臉書